KB179281

궁극의 가속기 SSC와 21세기 물리학

우주와 물질의 수수께끼는 어디까지 풀리는가

모리 시게키 지음
한명수 옮김

究極の加速器SSCと 21世紀物理學
宇宙と物質の謎をどこまで解けるか
B-903 © 森 茂樹
1992. 1. 20.
日本國・講談社

【지은이 소개】

森 茂樹 (모리 시게키)

1937년 미야기현(宮城縣) 태생. 도호쿠(東北) 대학 이학부 물리학과 졸. 동대학 석사 과정, 미국 코넬 대학 대학원 박사 과정 수료. 예일 대학 물리학과 연구원, 페르미 국립 가속 연구소 가속기부 연구원, 고에너지 물리학 연구소 물리학부 조교수를 거쳐 페르미 연구소 중성미자부에서 중성미자 빔의 설계, 건설에 참여함. 쓰쿠바(筑波) 대학 물리 공학계 교수. 이학박사 (Ph.D). 고에너지 가속기를 사용한 물리 실험이 전문으로 트리스탄 실험 등의 실험에 종사함.

【옮긴이 소개】

韓明洙 (한명수)

1927년 함남 함흥생. 서울대 사범대 수학. 전파과학사 주간. 동아출판사 편집부 근무. 신원기획 일어부장 역임. 역서로는 「현대물리학 입문」, 「인류가 태어난 날 I·II」, 「물리학의 재발견(上·下)」, 「우주의 종말」, 「만화 수학소사전」 등 다수 있음.

처음에

현재, 미국 텍사스 주 댈러스 교외에서 건설이 진행되고 있는 건설비 82억 달러, 둘레 87km의 초전도 대형 입자 가속기 SSC (Superconducting Super Collider)를 소개한다. 이 SSC는 양성자를 20조V로 가속하여 정면 충돌시킨다. 약 10년의 건설 기간 후인 1999년경부터 본격적인 소립자 실험이 개시될 예정이다.

미국, 독립국가연합, 일본 등 세계의 연구자가 일체가 되어 최첨단 기술을 구사하여 건설되는 실험 장치는 현대 물리학의 근본적인 수수께끼의 해명을 노린다.

극미 세계의 연구에 왜 거대한 장치가 필요한가. 왜 SSC가 궁극의 가속기라고 생각할 수 있는가.

소립자 물리학 연구는 극미의 세계, 즉 반지름 약 1억분의 1cm의 다시 10억분의 1의 근거리에서 일어나는 현상—이것은 바로 태양계에서 지구상의 세균을 보는 것과 같다—을 관찰하여 새로운 자연 법칙을 구명하는 일이다.

1930년에 미국의 로렌스 들은 사이클로트론을 고안하여 양성자를 수백V로 가속하는 데 성공하였다. 그후 가속기 기술은 소립자 물리학의 요청에 의해 급속히 발달하여, 현재 세계 최강인 미국의 페르미 연구소의 테바트론은 양성자를 약 1조V로 가속하는 데 성공하였다. SSC는 양성자를 다시 20배인 20조eV로 가속하여 충돌시켜 질량이 수조eV의 영역에서 일어나는 소립자의 기본 현상을 탐구한다.

21세기에는 SSC의 탄생에 의하여 양성자 질량의 1000배 이상의 에너지 영역에서의 소립자 물리의 해명이 시작된다. 그것을 위한 준비가 착착 진행되고 있다. SSC가 인류에게 무엇을 가져다 주는가, 21세기의 물리학에 대한 전망을 포함하면서 소개한다.

이 책의 집필을 권해주신 도쿄(東京) 대학 원자핵 연구소의 혼마(本間三郞) 교수와 이 책의 구성에 대해서 조언해 준 고단사(講談社) 과학 도서 출판부의 야나기다(柳田和哉) 씨에게 깊이 감사한다.

차례

I. 프롤로그

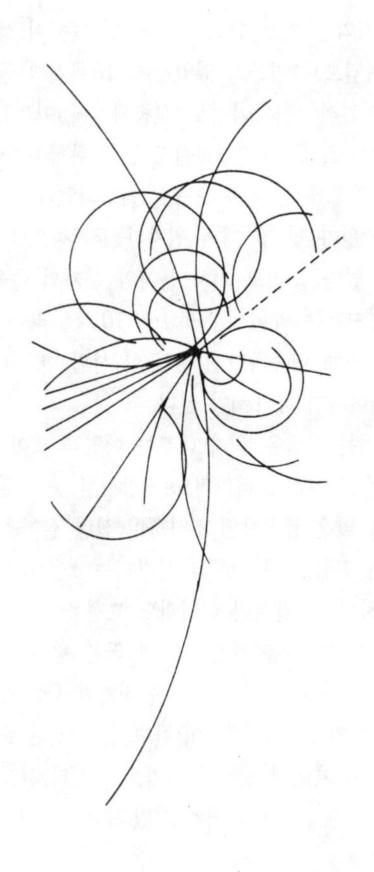

원자와 분자

'물체는 무엇으로 되어 있는가'라고 하는 인류 역사가 시작한 이래 계속 되어온 의문에 대하여 기원전 5세기의 그리스 철학자 데모크리토스는 더 이상 작게 나눌 수 없는 것으로 원자설을 제안하였다. 이러한 사상은 상당히 오래 전부터 동양의 철학자들에게서도 볼 수 있다.

물체가 원자라는 최소 단위로 되어 있다는 이 생각은 오랫동안 철학적 개념으로 머물고 있었는데, 18세기에 들어와서 과학적 방법에 의해서 원자 가설로 실증되기에 이르렀다. J. 돌턴, C. A. 아보가드로, D. I. 멘델레예프 등의 화학자들에 의하여 오늘날 우리가 알고 있는 원자 모습이 해명되었다.

즉, 물체는 원자 및 몇 개의 원자가 규칙적으로 결합한 분자로 구성되어 있다. 그리고 기체 분자와 분자의 충돌 과정을 연구하여 원자 크기는 약 1억분의 1cm(10^{-8}cm)라는 것이 밝혀졌다. 원자를 인간에 비유하면 일본인 한 사람 한 사람이 손을 잡고 일렬로 늘어서면 꼭 1cm가 된다.

다음에 생기는 의문은 '원자 내부는 어떻게 되어 있는가'로 향하게 된다. 1911년에 E. 러더퍼드는 방사성 동위 원소에서 태어나는 α입자를 얇은 금속박에 조사하여 산란 실험을 실시하였다. 그 결과, 작은 확률로 큰 각도로 산란되는 α입자의 각도 분포를 설명하기 위하여 잘 알려진 러더퍼드 모형을 제안하였다. 이 모형에서 원자는 양전하를 가진 부피가 작은 원자핵이 중심에 있고 그 주위를 가벼운 음전하를 가진 전자가 돌고 있다. 마치 태양을 중심으로 지구 등의 행성이 돌고 있는 것과 유사한 모델이다. 같은 시대에 제안된 일본의 나가오카 반타로(長岡半太郎)의 원자 모형도 같은 생각에 의거하고 있다.

그 후의 연구로 러더퍼드의 원자 모형은 올바르며, 원자핵의 반지름은 원자 반지름의 약 1만분의 1, 그러니까 약 1조분의 1㎝ (10^{-12}㎝)라는 것이 해명되었다.

중성자와 핵력의 발견

다음에 '원자핵은 어떤 구조로 되어 있는가'라는 의문이 생긴다. 1930년에 J. 채드윅은 폴로늄 원소(Po)의 붕괴로 태어나는 α입자와 베릴륨 원소(Be)의 반응을 이용하여 중성자를 발견하였다. 중성자는 양성자(수소 원자의 원자핵)와 거의 같은 질량을 가지며 전하를 갖지 않는 입자이다. 그 결과, 원자핵은 몇 개의 양성자와 몇 개의 중성자의 집합체라는 것이 밝혀졌다.

1919년 E. 러더퍼드가 α입자를 사용하여 질소 원자핵(N)의 괴변(壞變)에 성공한 이래, 원자핵 연구에서는 α입자와 같은 방사성 동위 원소의 붕괴시에 태어나는 입자에 더하여 인공적으로 가속된 양성자나 전자가 널리 사용되었다. 양성자나 전자와 같은 하전 입자에 전기장을 걸어서 가속하는 장치를 가속기라고 부른다.

원자의 내부 구조를 해명하기 위해서는 원자핵 주위를 둘러싸고 있는 전자 구름을 꿰뚫고 원자핵에 도달할 필요가 있고 러더퍼드의 경우에 매초 약 2만㎞(광속도의 7%)의 고속 α입자가 사용되었다. 원자핵의 내부 구조 연구에는 시험체로서 고에너지 입자가 필요하게 되어 입자 가속기의 기술 개발이 진행되었다.

그런데 원자핵이 양성자와 중성자의 집합체라고 하면 큰 의문이 생긴다. 그것은 중성자가 전하를 가지고 있지 않으므로 양성자와 중성자를 좁은 원자핵에 가두고 있는 힘은 전기력일 수 없다. 또 핵 내에 있는 다수의 양전하를 가진 양성자 사이에는 전기적 반발력, 즉 쿨롱 척력이 작용한다. 따라서 '양성자와 양성자, 양성자와 중성자, 중성자와 중성자 사이에는 그 때까지 알려지지 않았던 새로운 강한 인력, 전기력보다도 강한 힘이 작용한다고 추론되었다. 유카와(湯川) 이론은 이 새로운 힘이 중간자라고 부르는 입자에 의하여 매개되어 있다고 가정하였다. 이것은 전자기력이 광자(전자기파에 대응하는 입자)에 의하여 매개되고 있는 것에 대응한다. 그후, 파이(π) 중간자가 발견되어 유카와 이론의 타당성이 증명되었다.

양성자의 내부 구조에서 쿼크 모형으로

물리학자들의 꿈이 부풀어 다음 레벨의 의문, 즉 '원자핵의 구성 분자인 양성자나 중성자는 궁극의 소립자인가, 또는 양성자나 중성자가 다시 보다 기본적인 입자의 복합 입자일 가능성은 없는가'라는 의문이 생긴다.

1960년대까지 양성자 싱크로트론이나 전자 싱크로트론과 같은 강력한 가속기가 고안·건설되어 광범위하게 소립자 물리 실험이 실시되었다. 그 결과 보통으로는 존재하지 않는, 수명이 짧은 입자가 몇 백 개나 새로 발견되었다. 이들은 처음에는 소립자라고 생각되었는데, 같은 종류의 입자가 다수 발견됨에 따라 이들 입자는 소립자가 아닌, 다시 더 기본적인 입자로 구성되는 복합 입자가 아닌가 하는 의문이 생겼다. 이것을 풀기 위하여 새로운 가설에 따라 분자 분류가 시도되었다.

1871년에 D. I. 멘델레예프가 원소의 주기율표를 발표하였는데, 금세기에 들어와서 양자 역학의 전개에 의하여 그 물리적 해석이 명확하게 되었다. 그와 마찬가지 일이 소립자 물리학 분야에서도 일어나고 있었다.

1969년에 미국 캘리포니아 주에 있는 스탠퍼드 대학의 선형 가속기 센터, SLAC(이하 슬랙이라고 부른다)에서 총길이 3km의 강대한 전자 선형 가속기를 사용한 실험이 실시되었다. J. 프리드먼, H. 켄동, R. 테일러 들에 의하여 실시된 수소 표적에 의한 고에너지 전자의 비탄성 산란 실험은 양성자의 내부 구조에 메스를 가한 최초의 실험이라고 할 수 있다.

러더퍼드가 실시한 α입자의 산란 실험에서 원자 속에 부피가 작고 무거운 원자핵이 있다는 것이 증명된 것과 같이 이 실험은 양성자가 다시 작은 입자로 구성되어 있다는 것을 증명하였다. 러더퍼드의 실험에서는 원자핵에 가까이 간 α입자가 전기적 척력에 의하여 큰 각도로 산란되었다. 스탠퍼드의 실험에서도 고에너지의 전자가 양성자 속에 점모양으로 분포하고 있는 입자에 의하여 큰 각도로 산란되었다.

양성자가 그 부피 내에(양성자의 반지름은 약 10^{-13}cm) 균일한 밀도 분포를 하고 있다면 고에너지의 전자는 작은 각도의 산란밖에 받지 않는 것이 이론적으로 쉽게 증명된다. 그런데 스탠퍼드의 실험에서는 큰 각도, 즉 단단한 산란이 일어나고 있는 것이 되고, 이것은 양성자가 그 때까지 생각하고 있던 소립자가 아니고, 다른 더 기본적인 입자의 복합 입자라는 것을 의미한다. 이것은 위대한 발견이었다.

한편, 소립자의 계통적인 분류를 시도하는 이론적 고찰도 진행되었다. 1964년에 M. 겔만과 G. 츠바이크는 독립적으로 양성자나 중성자와 같은 입자는 전자의 전하를 $-e$라고 하면(양성자의 전하는 $+e$), 전하가 $\frac{2}{3}e$와 $-\frac{1}{3}e$를 가진 입자가 3개 모여서 구성되고 있다고 제안하여 이 입자를 쿼크라고 이름붙였다.

자연계에서는 그 때까지 전자의 전하 $-e$가 최소 단위의 전하라고 생각하고 있었는데 자투리 수의 전하를 가진 소립자, 쿼크의 제안은 대담한 일이었다. 그후 자연계나 우주선, 또 고에너지 가속기를 사용한 고에너지 반응의 2차 입자 등에 이 자투리 전하를 가진 입자를 탐색하는 수많은 실험이 시도되었다. 그 때까지 얻어진 결론은 쿼크는 전자나 양성자와 같이 자유로운 입자로서 단독으로 떨어져서는 존재하지 않는다는 것이었다.

예를 들면, 양성자의 경우는 전자 $\frac{2}{3}e$인 2개의 쿼크와 전하 $-\frac{1}{3}e$인 1개의 쿼크의 복합 입자로 그 전하는 e가 된다($\frac{2}{3}\times 2-\frac{1}{3}\times 1=1$). 이 양성자 중의 어느 1개의 쿼크를 떼어내서 자유롭게 만들 수는 없다.

그런데 쿼크는 정말 양성자 등을 만드는 기본 입자인가. 이 의문을 해결하기 위하여 1970년 이후 대형 가속기에 의한 연구가 일본을 비롯하여 미국, 유럽, 옛 소련 등에서 활발히 진행되고 있다.

충돌형 가속기·콜라이더

소립자 물리의 연구에서는 충돌 에너지를 높여서 무거운 미지의 입자를 생성하는 확률을 높게 하는 것이 가장 필요하다. 충돌 에너지와 생성 입자의 질량 관계는 아인슈타인의 유명한 에너지와 질량의 관계식 $E=mc^2$를 보면 이해할 수 있다. 그래서 충돌 에너지를 효과적으로 높이기 위한 충돌형 가속기 기술이 급속히 개발되었다. 종전과 같이 정지하고 있는 표적에 고에너지 입자를 충돌시키는 경우에 비하여 고에너지로 가속한 입자끼리 정면 충돌시키는 편이 훨씬 충돌 에너지가 커진다. 이것은 자동차의 정면 충돌 사고의 충격이 얼마나 비참한가를 생각하면 납득할 수 있을 것이다. 소립자 물리 연구와 같이 광속에 가까이 가속된 고에너지 입자의 충돌에서는 상대론적 효과의 작용이 크며, 정면 충돌의 효과는 아주 커진다.

앞에서 설명한 것과 같이 양성자는 쿼크와 같은 입자의 복합 입자라고 생각되므로 쿼크와 같은 기본 입자의 산란에서는 반응에 관여하지 않는 다른 입자가 방해를 하거나 입사 양성자의 에너지의 몫을 가져가게 된다. 따라서 쿼크와 같은 기본 입자의 반응 연구에서는 복합 입자끼리, 즉 양성자·양성자 충돌형 가속기는 불리하다고 생각된다.

그래서 근년 쓰쿠바시(筑波市)에 있는 고에너지 물리학 연구소의 트리스탄 가속기와 같은 전자·양전자($+e$의 전하를 가진 전자의 반입자) 콜라이더에 의한 연구가 성행하였다.

이들 실험 결과로부터 쿼크는 가설 소립자가 아니고 양성자나 중성자, 다시 그 때까지 발견된 입자를 구성하고 있는 진짜 소립자라는 것이 확립되었다고 할 수 있다.

소립자와 그것을 지배하는 힘의 이론

현재, 물질을 구성하는 소립자는 쿼크와 전자 외에 β붕괴 등에서 그 존재가 확증되어 있는 전하를 갖지 않는 가벼운 입자(질량을 거의 갖고 있지 않는)인 중성미자(neutrino)라고 생각된다. 이들 소립자는 그 때까지의 실험 결과에서 질점과 같은 구조를 갖지 않는 입자로 행동하여 그 반지름은 양성자 반지름의 1000분의 1 이하, 즉 1조분의 1㎝의 1만분의 1(10^{-16}㎝) 이하이다. 이 값은 우리가 현재 소유하고 있는 가장 강력한 가속기의 측정 분해능보다 작다.

한편 물체간에 작용하는 힘은 어떻게 되어 있는가. 우리는 뉴턴의 만유 인력, 즉 질량을 가진 물체간에 작용하는 중력, 전기력과 자기력, 원자핵의 붕괴를 지배하는 약한 상호 작용, 마지막에 유카와 이론으로 도입된 양성자나 중간자 사이에서 작용하는 강한 상호 작용을 실험 사실로 알고 있다.

원자 및 소립자 반응에서 중력의 영향은 아주 작기 때문에 무시하고 생각한다. 19세기 후반에 맥스웰은 전기력과 자기력을 같은 이론 체계로 기술할 수 있다는 것을 증명하였다. 이것은 대단히 위대한 업적으로 맥스웰은 얼핏 보아 독립적으로 보이는 2개의 상호 작용을 전자기 상호 작용으로 통일하였다. 중력과 전자기 상호 작용도 거리의 제곱에 반비례하므로 비슷한데, 소립자 반응에서 중력에 비해 압도적으로 강한 전자기력이 왜 큰 물체, 예를 들면 사과나 별에서는 중력보다 작을까. 이것은 큰 물체에서는 전기나 자기가 양과 음으로 상쇄되어 중성에 가까운 상태가 되어 있기 때문이다.

그로부터 약 100년 후에 S. 글래쇼, S. 와인버그, A. 살람은 전자기 상호 작용과 약한 상호 작용을 통일하는 게이지 이론을 완성하였다. 이 이론에서는 유카와 이론에서 양성자와 중성자 등을 결합시키는 매개를 한 파이(π) 중간자처럼 전자기 상호작용을 다스리는 광자(질량을 갖지 않는 전자기파와 동등한 입자)와 약한 상호 작용의 매체가 되는 위크 보손(핵력의 중간자에 대응하는 입자)은 같은 그룹의 작용 입자가 된다. 이 이론은 1960년대에 제안되었는데, 이 이론이 예상한 대로 1984년에 스위스의 유럽 합동 원자핵 연구 기관, CERN(이하 세른이라고 부른다)에서 C. 루비아 등에 의하여 $W^{\pm}$, Z°의 3개의 위크 보손이 처음으로 실험적으로 확인되었다. 이 이론에 의하여 전자기 상호 작용과 약한 상호 작용이 하나의 이론 체계, 즉 전약 이론(電弱理論)으로 통일되었다.

유카와 이론에서는 양성자나 중성자 사이의 중간 작용은 중간자에 의하여 매개되어 있었는데, 쿼크 레벨까지 확장하면 쿼크 사이에서 작용하는 힘은 글루온(gluon)이라고 부르는 입자에 의하여 매개되는 것이 밝혀졌다. 그리고 유카와 이론의 파이(π) 중간자는 쿼크와 그 반입자로 구성되는 복합 입자라는 것을 알게 되었다.

글루온에 관한 이론과 전약 이론을 총괄하여 소립자의 표준 이론이라고 부른다. 과거 10년 이상 표준 이론을 검증하는 실험이 실시되고 있는데 지금까지 모순되는 결과는 나오지 않고 있다.

다만 표준 이론에는 중대한 문제점이 있다는 것이 알려져 있다. 질량을 가지지 않는 광자와 대단히 무거운 위크 보손(양성자 질량의 약 90배) 사이에서 어떻게 하여 대칭성을 깨뜨리는 질량차가 생겼는가. 또한 전자와 쿼크 등의 물질 입자가 어떠한 과정을 통하여 질량을 갖게 되었는가. 이들 문제는 물리학 이론에서 해결되어야 할 중요한 문제이다.

이 수수께끼를 해결하는 가장 간단한 이론적 방법은 히그스에 의하여 제안된 히그스 기구이다. 이 기구로부터 존재가 예언되는 히그스 입자의 질량은 이론에서 일의적으로 결정되지 않는다. 현재까지 얻어진 실험적 하한값은 양성자 질량의 약 50배인데, 이론적 상한값은 양성자 질량의 약 1000배 이내로 추정된다.

히그스 입자가 발견되든가, 또는 거꾸로 이론적인 상한값 이내에 히그스 입자가 존재하지 않을 때, 상한값에 가까운 에너지 영역에서 일어나는 소립자 반응 과정의 연구는 가장 중요하며 우리가 자연 법칙을 이해하는 데 필요 불가결한 것이다.

SSC에서 21세기의 물리로

러더퍼드의 실험에서는 방사성 동위 원소의 붕괴에 의하여 생기는 α선이 중요한 역할을 다하였다. 그러나 원자핵 구조의 연구에서는 인공적으로 가속된 고에너지 입자가 필요하게 되었다. 양성자의 내부 구조 연구에서는 더 높은 에너지의 가속기가 불가결하였다.

작은 물체의 구조를 해명하는 데 왜 높은 에너지의 입자가 필요한가. 이것은 뒤에서 자세히 설명하겠지만, 양자 역학의 법칙에서 에너지에 비례하여 위치 분해능이 좋아진다는 불확정성 원리에 의거한다.

1930년대의 로렌스, 리빙스턴에 의한 지름 1m 전후의 사이클로트론의 개발에서 출발하여 위크 보손을 발견한 세른의 양성자·반양성자 충돌형 가속기와 미국 페르미 연구소의 테바트론의 지름은 약 2km, 또 최근 눈부신 성과를 올리고 있는 세른의 전자·양전자 충돌형 가속기 LEP의 지름이 약 9km인 것처럼 가속기의 규모가 대폭 거대화되었다.

현재, 미국 텍사스 주에서 건설 준비가 진행되고 있는 초전도 대형 입자 가속기 SSC는 양성자·양성자 충돌형 가속기로 표준 이론의 불완전한 부분을 실험적으로 증명할 수 있는 유일한 가속기라고 해도 과언이 아니다. 이 책의 제목을 '궁극적 가속기 SSC'라고 한 이유는 가속기 기술 등에서 생각하여 현재의 가속기 원리로는 거의 한계에 가까우므로 포스트 SSC는 불가능하다고 생각하기 때문이다. 가속기의 지름을 더 크게 하는 것이나 전자석의 자기장을 상승시키는 것 등 다소의 증강은 가능하지만 에너지의 제곱에 비례하여 감소하는 단단한 반응 확률과 양성자 원형 충돌형 가속기에서는 충돌점에 있어서의 강한 상호 작용에 의한 빔 손실이 결정적인 한계를 준다.

역사를 되돌아 보면 패러데이의 전기 현상 실험 결과가 맥스웰의 전자기 이론에 집약되어 마이컬슨과 몰리의 빛의 간섭 무늬에 관한 정밀 측정이 아인슈타인의 상대성 이론으로 발전하였다. 또 금세기 초 플랑크의 복사장 연구가 그 후의 양자 역학이나 소립자 물리의 기초를 쌓았다고 할 수 있다.

21세기가 10년밖에 남지 않은 지금, 우리는 다음 세대에 무엇을 남길 수 있는가. 자연 파괴, 환경 오염, 자원 고갈 등 바람직하지 않는 유산이 수없이 많이 있다. 21세기를 살아갈 유능한 젊은이들에게 자연을 지배하는 법칙을 탐구하는 꿈과 희망을 주기 위해서 SSC 프로젝트의 성공을 기대하는 것은 필자뿐이 아닐 것이다.

II. 원자 물리학의 세계

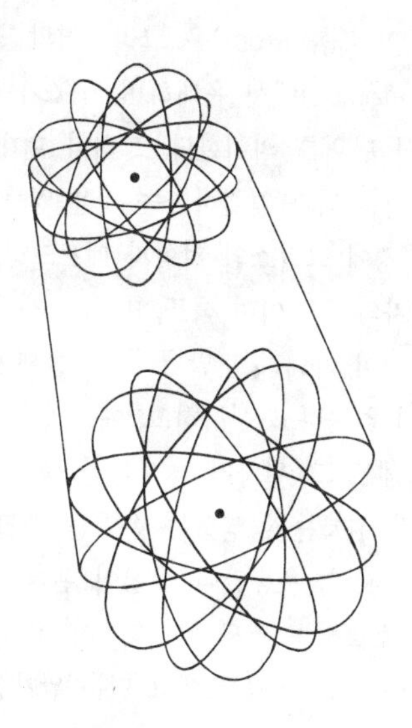

물체는 무엇으로 되어 있는가

컵 한 잔의 물을 2개의 컵에 똑같이 나눈다. 반이 된 한쪽 컵의 물을 다시 2개의 컵에 나눈다. 이것을 반복하여 소량으로 된 물을 조사하면 그 양은 미소하게 되어 있을 망정 역시 물이다. 이 실험을 실제로 해보면 컵에 물방울이 묻거나 물이 증발하여 그다지 잘 되지 않는다. 그러나 이상화된 상태에서 이 조작을 반복할 수 있다면 아주 미량의 물방울까지 계속할 수 있다. 그래도 남은 물방울은 역시 처음 컵의 물과 같은 물일 것이다.

이 물방울의 분할을 더 반복하면 어떻게 되는가. 여기에 물체의 기본 단위로서의 원자의 개념이 생긴다. 우리는 원자나 분자가 유한한 크기를 가지고 있으므로 무한히 분할할 수 없다는 것을 알고 있다. 컵 한 잔의 물은 약 80회 분할을 반복하면 1개의 물분자에 도달한다.

원자, 즉 영어의 아톰(atom)은 그리스어의 '불가분'이라는 의미의 아토모스(atomos)에서 유래하며, 구조가 알갱이 모양으로 불연속한 극한의 단위를 의미한다. 그러나 현대 용어로서는 화학 반응에서만 이 정의가 적절하다는 것을 염두에 둔다.

기원전 420년경에 그리스의 철학자 데모크리토스는 존재하는 유일한 것은 원자와 공간이며 색조, 미각, 냄새 등은 2차적인 것이고 본질적인 것이 아니라고 말했다. 큰 물체의 성질은 개개의 원자에 직결하지 않는다고 생각하고, 예를 들면 어떤 기체가 녹색인 것을 관측해도 그 원자가 녹색이라고는 할 수 없다. 데모크리토스가 그린 원자는 끊임없는 운동을 하고 있고 파괴되는 일이 없고 크기, 모양, 운동만이 특징이 된다. 원자는 영원하며 창조되는 것도, 소멸하는 것도 아니다. 이 점에서 데모크리토스의 원자는 현대에 사는 우리가 품고 있는 원자상에 가깝다고 말할 수 있다.

그후 이 원자상은 17세기의 뉴턴 시대까지 계승되어 과학적 대상이라기보다 오히려 철학적인 면이 강조되었다.

화학자들의 발견

1908년 영국의 화학자 J. 돌턴은 당시까지 밝혀진 화학 실험 결과에 의거하여 다음과 같은 원자 가설을 제안하였다.

(1) 물체는 불가분의 원자로 되어 있다.
(2) 1개의 원소 원자에서는 질량이나 모든 성질이 같다.
(3) 다른 원소는 다른 원자를 가진다.
(4) 원자는 불변이며 화학 반응은 원자의 치환으로 일어난다.
(5) 원소로부터의 화합물은 정해진 수의 각 원소의 원자를 가진 복합 원자로서 생성된다.

돌턴의 이론은 결코 새로운 것이라고 말할 수는 없지만 구체적으로 표현되어 있으므로 정량적인 예언을 가능하게 하고 실험 데이터에 의거하여 검증이 실시되어 오늘날 우리가 알고 있는 원자의 개념을 확립하였다고 하겠다.

한편, 돌턴의 이론에서는 원자 질량의 크기가 어떻게 되어 있는가 불분명하고, 또한 원자의 상대적인 질량비도 일의적으로 결정지을 수 없다.

1811년에 이탈리아의 물리학자 A. 아보가드로는 J. 게이-뤼삭의 기체 반응의 실험 결과에 의거하여 '같은 용량을 가진 기체는 같은 수의 입자로 이루어진다'는 가설을 제안하였다. 이 아보가드로의 가설 중의 입자는 돌턴의 원자인가. 아보가드로는 당시 잘 연구되고 있던 산소, 수소, 질소 기체의 실험 결과로 미

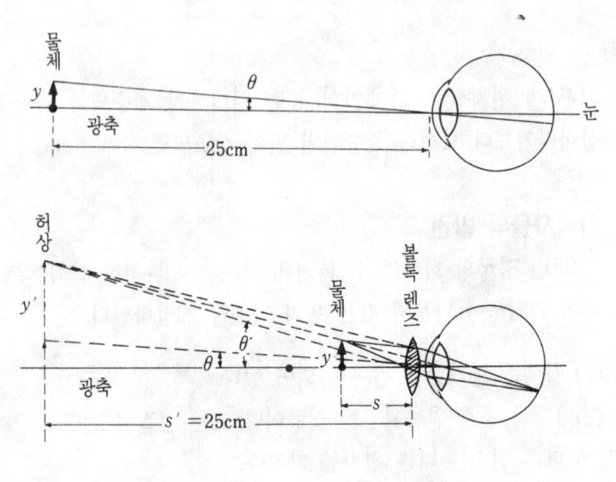

그림 2-1 1개의 볼록 렌즈 돋보기

루어 기체 입자는 단일 원자가 아니고 2개의 원자로 이루어진다고 생각하였다. 아보가드로의 가설은 당시 돌턴 들에 의하여 강하게 반론되었는데, 그후 많은 화학 반응의 데이터가 모여져 아보가드로의 원자·분자 이론이 확립되었다.

원자의 크기와 질량

다음에 남은 문제는 원자의 크기와 질량이다. 원자의 크기를 어떻게 하여 측정하였는가. 사과의 크기를 측정하는 경우, 자나 줄자면 충분하고 생물 세포처럼 눈으로 직접 보이지 않는 것이라도 현미경을 사용하여 관측할 수 있다. 간단한 돋보기라도 물체를 몇 배의 크기로 확대하여 볼 수 있다. 그럼 정교한 현미경을 만들어 배율을 높이면 어떻게 되는가.

현미경 중에는 20세기에 들어와서 개발된 고배율의 전자 현

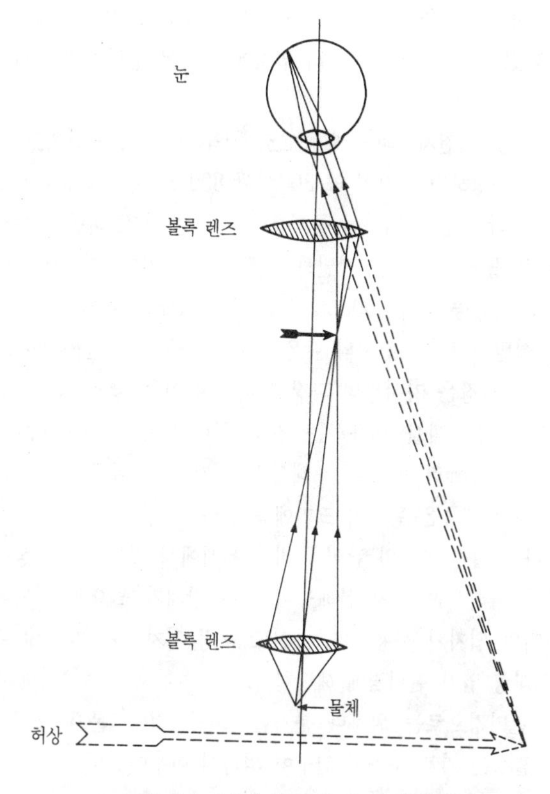

그림 2-2 2개의 볼록 렌즈를 가진 현미경

미경이 있는데, 여기서는 가시광을 이용하는 보통의 광학 현미경을 생각한다. 현미경은 17세기경에 발명되었다. 그림 2-1은 간단한 돋보기의 경우이며, 대상 물체에서 산란된 빛을 1개의 볼록 렌즈만으로 조이면 관측하고 있는 눈에는 큰 허상으로 나타난다. 그림 2-2는 2개의 볼록 렌즈를 조합시킨 것으로 돋보기에 비하여 큰 배율을 가진다. 이렇게 렌즈를 조합시켜 배율을 올릴 수 있는데 그 배율은 물리 법칙에 의해서 정해지는 한계가 있다.

그것은 빛은 전자기파의 일종으로 10억분의 1m를 단위로 하는 nm로 측정하면 파장이 약 300에서 800nm 사이에 분포하고 있다. 파동의 산란에 의하여 물체를 관측하는 경우, 파동의 파장보다 작은 물체의 모양을 정밀하게 측정할 수 없다. 따라서 광학 현미경의 분해능은 약 300nm, 즉 3만분의 1㎝가 한계이다.

뒤에 설명하겠지만 전자와 같은 물질도 파동의 성질을 가지고 있어서 그 파장은 가시광의 파장에 비하여 아주 짧게 할 수 있다. 따라서 전자파를 이용하는 전자 현미경은 약 0.5nm, 즉 2000만분의 1㎝라는 뛰어난 해상력을 가진다. 뒤에서 밝히는 것처럼 이 분해능은 원자의 크기에 가깝다.

그러나 소립자 물리와 같이 극미의 세계에서 일어나는 현상을 연구하기 위해서는 위치 분해능이 높은 장치가 필요하게 되어 고에너지의 입자가 사용된다. 초전도 대형 입자 가속기 SSC도 바로 초대형 입자 현미경에 해당한다.

광학 현미경으로는 원자나 분자를 볼 수 없다. 분자 크기의 최초의 결정은 기체 운동의 연구에 의하여 이루어졌다.

기체 분자 충돌을 이용한 분자 크기의 결정

상온에서 기체 분자는 매초 약 수백m의 속도로 운동한다. 그러나 예를 들면 2종류의 기체를 혼합하는 경우에 기계적인 교란 등을 하지 않으면 균일하게 혼합되는 데는 오랜 시간이 걸린다. 이것은 기체의 운동 속도와 비교하여 얼핏 보아 모순되는 것같이 보이는데, 기체 분자가 유한한 크기를 가지고 있어서 충

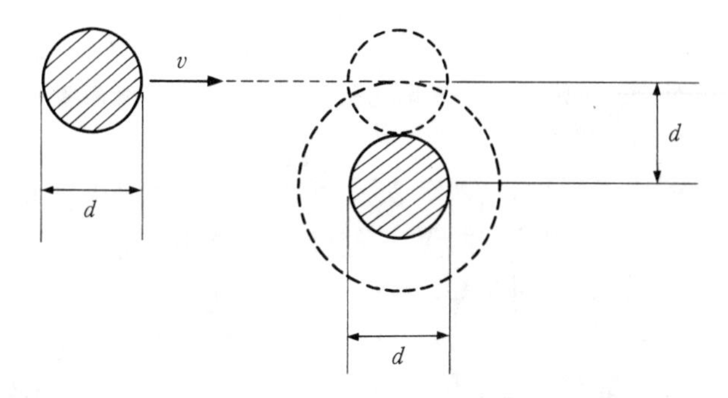

그림 2-3 분자의 충돌. 지름 d의 분자는 다른 분자의 중심에서 거리 d 이내로 가까이 가면 충돌을 일으킨다.

돌 산란을 반복하므로 여간해서는 전진할 수 없기 때문이다.

그래서 1개의 기체 분자가 충돌과 충돌 사이에 나아가는 거리를 구한다. 이 거리의 평균값은 평균 자유 행로라고 부르며 기체의 중요한 성질의 하나이다. 자세한 설명은 생략하지만, 평균 자유 행로는 기체의 열전도도, 점성 계수 또는 확산 실험에서 직접 구하며 약 100만분의 1㎝이다. 따라서, 기체 분자는 매초 100억 회 이상이나 충돌을 반복하고 있다.

다음에 평균 자유 행로와 분자 지름과의 관계를 생각해 보자. 분자를 지름 d인 구(球)라고 하고 1개의 분자가 다른 분자와 충돌하는 횟수를 구해 본다.

다른 분자도 운동하고 있는데, 우선 정지하고 있다고 한다. 그림 2-3에 보인 것처럼 비행하고 있는 분자가 정지하고 있는 분자의 중심에서 거리 d 이내에 접근하면 반드시 충돌이 일어난다. 그 충돌 면적은 πd^2이 되어 초당 충돌 횟수는 이 면적에 비례한다. 또 단위 부피당의 기체 분자수, 즉 기체 분자 밀도를 n이라고 하면 충돌 횟수는 n에도 비례한다. 따라서 평균 자유 행로는 충돌 면적과 분자 밀도의 곱, 즉 $n\pi d^2$에 반비례한다. 앞에서 설명한 것같이 평균 자유 행로는 실험적으로 구해진 것이므로 nd^2이 결정된다.

다음에 부피 V인 기체를 응축하여 부피 v인 액체가 되었다고 한다. V 중의 분자수는 nV로 주어진다. 또 1개의 분자 부피는 $\frac{4\pi}{3}\left(\frac{d}{2}\right)^3$이므로 근사적으로 액체 부피는 분자 부피와 분자수의 곱으로 주어져 nd^3에 비례한다. 구인 분자에 틈새가 없다고 가정하였는데, 액체 상태에서는 틈새가 있고 이것을 고려할 필요가 있다. 어쨌든 기체와 액체의 부피 V, v는 측정할 수 있으므로 틈새를 보정함으로써 nd^3이 구해진다. 여기서 평균 자유 행로에서 구한 nd^2값을 대입하여 d를 독립적으로 결정할 수 있다. 실측값에서 분자 지름은 $d \fallingdotseq 5\times10^{-8}$㎝로 주어진다. 이렇게 하여 분자 지름은 1억분의 1㎝ 수준인 것이 실측된다.

이 d값을 사용하여 곧바로 기체 분자 밀도 n을 구할 수 있다. 이 결과로부터 1mol의 원자수인 아보가드로수가 1865년에 J. 로슈미트에 의하여 결정되었다(여기서 1mol은 12g의 탄소, 엄밀하게는 원자 번호 12의 탄소 ^{12}C에 포함되는 원자와 같은 수의 구성 요소를 포함하는 계의 물리량이다).

아보가드로수 : 6.02×10^{23}

원자 반지름 : 약 10^{-8}㎝(1억분의 1㎝)

화학 반응 등에서 아보가드로수는 대단히 중요한 상수로 우리가 일반적으로 관측할 수 있는 양과 원자, 분자의 세계를 결합하는 구실을 하고 있다. 예를 들면 물 분자의 평균 부피를 구하는 경우는 18g, 즉 18㎤ 중에 6×10^{23}개의 물분자가 들어 있게 되므로 $18\text{cm}^3\div(6\times10^{23})=3\times10^{-23}\text{cm}^3\fallingdotseq(3\times10^{-8}\text{cm})^3$가 되어 정육면체로 하면 1변이 약 1억분의 1㎝의 3배가 된다. 이것은 이과 문제로 낯익은 것이다.

기름 박막법에 의한 분자 지름의 측정

이 방법은 W. C. 뢴트겐과 L. 레일리에 의하여 1890년에 고안된 대단히 직관적인 방법이다. 수면 위에 작은 기름 방울을 떨어뜨리면 기름 방울이 수면에 퍼져서 얇은 막을 만든다. 어떤 종류의 기름에서는 분자가 한층에 배열한 것 같은 1분자층을 형성할 때까지 엷게 퍼진다. 이 경우에 기름층의 면적과 두께의 곱이 기름 방울의 부피와 같으므로 기름층의 두께가 구해진다. 이것이 기름 분자의 대략적인 지름이라고 생각해도 된다. 물론 기름층의 두께는 직접적인 방법으로는 측정할 수 없을 만큼 얇다.

이 방법에서는 정밀한 결과는 얻지 못하지만 어려운 이론을 사용하지 않고 직관적으로 분자 크기를 추정할 수 있다.

현재는 결정 격자에서의 X선 산란 등에서 직접적으로 원자 크기를 결정하는 방법도 있다.

이로서 원자의 크기를 알게 되었는데, 다음 의문은 '원자의 크기는 무엇에 의하여, 또는 어떠한 기본적 물리 법칙에 의하여 결정되는가'로 발전한다. 이 의문에 답하기 전에 중요한 입자인 전자의 성질과 러더퍼드의 원자 모형을 알 필요가 있다.

Ⅲ. 전자의 발견

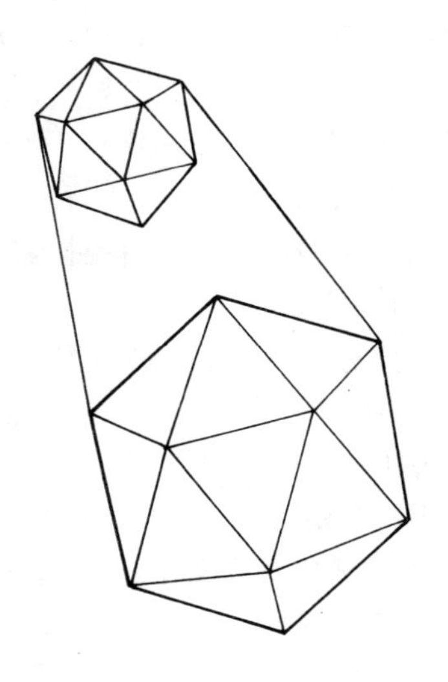

건조한 계절에 스웨터를 벗을 때에 잘 일어나는 정전기 현상은 고대 그리스 시대부터 알려져 있었다.

18세기 중엽까지 B. 플랭클린 등에 의하여 전기에는 음과 양이 있고 서로 끌어당긴다는 것이 밝혀졌다. 그러나 19세기 중엽까지는 진공 중에 고전압 방전에 의하여 생기는 음극선이 파동인지 작은 입자의 흐름인지는 불분명하였다. 그후 전기장 또는 자기장에 의한 편향 등으로부터 이 음극선은 음전하를 가진 가벼운 입자의 흐름이라는 것이 판명되었다. 그리고 이 음극선을 이루는 입자가 나중에 해명된 것처럼 모든 원자를 구성하는 보편적인 입자인 것을 알게 되어 전자라고 부르게 되었다. 따라서 이하에서는 음극선 입자를 전자라고 부른다.

전자의 비전하 측정

1897년 영국의 물리학자 J. J. 톰슨은 진공 음극관으로 전자의 전기장에 의한 편향과 자기장에 의한 편향이 상쇄되는 조건에서 전자의 전하 $-e$와 질량 m_e의 비, 즉 전자의 비전하 e/m_e의 측정에 성공하였다. 톰슨의 성공은 좋은 진공 장치의 개발의 도움을 받았다고 해도 된다. 그 이전에 실시된 측정에서는 이온화한 잔류 기체 때문에 전기적 차단이 일어나 전기장에 의한 편향을 좋게 관측하지 못하였다.

톰슨의 실험은 전기장과 자기장 속에서의 하전 입자의 운동을 문제로 하므로 나중에 설명하는 입자 가속기의 원리와 직접 관계된다. 그러면 하전 입자가 전기장과 자기장 속에서 어떠한 운동을 하는가 생각해 보자.

전기장과 자기장 속에서 하전 입자에 작용하는 힘은 로렌츠 힘으로 알려지고 다음 관계로 주어진다.

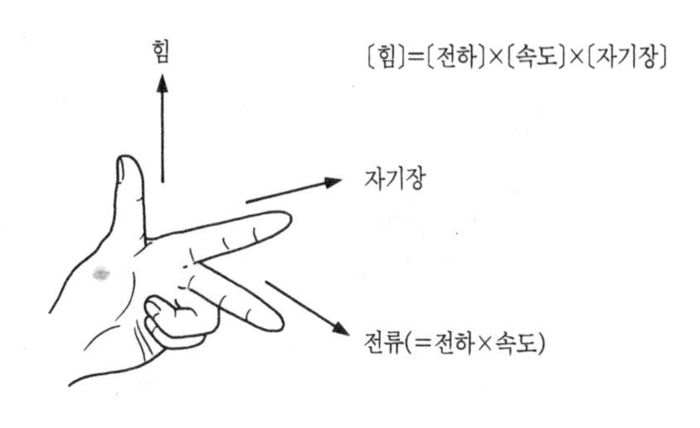

그림 3-1 왼손 법칙

〔로렌츠 힘〕=〔전하〕×〔전기장〕+〔전하〕×〔입자의 속도〕
×〔자기장〕

우변의 제1항이 전기장에 의한 힘으로 전기장 방향으로 향하고 있다. 제2항은 자기장에 의한 힘으로 입자 속도에 비례하고 방향은 입자의 진행 방향 및 자기장과 직각이 된다. 즉 그 방향은 왼손의 법칙(그림 3-1)에 따르며 자기장 방향이 집게손가락, 전류의 방향이 가운뎃손가락으로 힘의 방향은 엄지손가락이 된다. 전자와 같이 음전하를 가진 입자에서는 전류의 방향은 입자의 운동 방향과 반대가 된다.

그림 3-2의 음극판 C(음전압이 걸려 있는 극판)에서 전자가 화살표 방향으로 튀어 나온다. 그 속도를 v라고 한다. 그림의 중앙에 있는 평행판(판 간격 d, 길이 ℓ)에 고전압 전원이 접속되고 도면에 수직 방향으로 자기장이 걸리도록 전자석이 설치되어 있다. 지금 평행판에 전압을 걸면 전기장은 도면 위쪽에서 아래쪽으로 향한다. 따라서 $-e$의 전하를 가진 전자는 평행판에서 위쪽 방향으로 eE의 힘을 받는다. 〔운동량의 변화〕=〔힘〕×

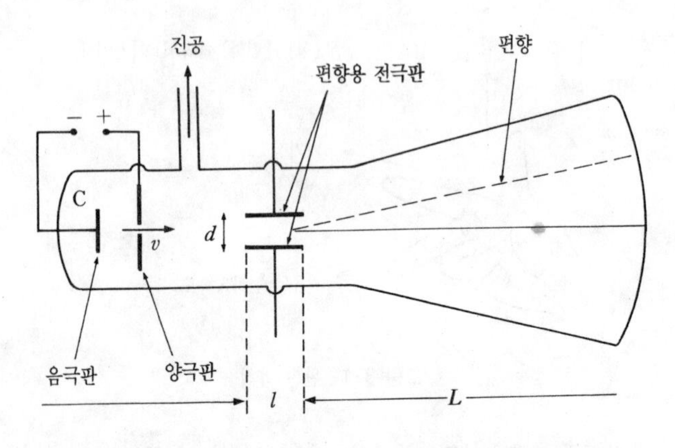

그림 3-2 톰슨의 비전하 측정의 실험. 양극판은 전자의 가속과 슬릿을 겸하고 있다. 편향용 평행판 전극이 있는 곳에는 도면에 수직 방향으로 자기장을 걸 수 있는 전자석이 놓여 있다.

〔시간〕의 관계에서 평행판을 통과하는 시간은 ℓ/v 이므로 수평으로 날아온 전자는 평행판 전극에 의해 위쪽 방향으로 $eE\ell/v$ 의 운동량이 주어진 것이 된다. 원자나 분자 레벨의 운동에서 중력의 영향은 전적으로 무시할 수 있으므로 수평 방향의 운동량은 변화를 받지 않고 $m_e v$(m_e는 전자의 질량)이므로 평행판을 통과한 후에 위쪽으로 $eE\dfrac{\ell}{v}/m_e v=\left(\dfrac{e}{m_e}\right)\dfrac{E\ell}{v^2}$ 의 각도를 가진다. 따라서 평행판에서 L의 거리에 놓고 스크린상에서 L이 평행판 길이 ℓ에 비하여 충분히 길다고 하면 $\dfrac{e}{m_e}\dfrac{E\ell L}{v^2}$ 의 변위가 나타난다. 이 식에서 미지량은 $\dfrac{e}{m_e}$와 v이다.

다음에 전기장과 직각 방향, 즉 도면의 윗면에서 아랫면 방향으로 자기장을 걸면 전자는 전기장과 반대 방향으로 힘을 받는다. 스크린상의 변위가 없어지게 하면 전기력과 자기력 B가 꼭 균형이 잡히는 조건이 되고 $eE=evB$, 즉 $v=\frac{E}{B}$가 되어 v를 구할 수 있게 된다. 이 v를 전기장만의 변위식에 대입하여 $\frac{e}{m_e}$를 구하게 된다.

이렇게 하여 톰슨은 전자의 비전하

$$e/m_e=1.758\times10^8 \text{ 쿨롬/그램(C/g)}$$

을 구했다.

톰슨 방법에서는 전하 e와 질량 m_e를 독립적으로 결정할 수 없다. 그 이유는 로렌츠 힘에서 전기력과 자기력이 입자의 전하를 공통으로 가지고 있으므로 운동 방정식이 〔질량〕×〔가속도〕=〔전하〕×〔전기장 또는 자기장〕이 되어 〔전하〕/〔질량〕이 공통 인자가 되기 때문이다.

전자와 수소 원자의 질량비

전자의 경우와 마찬가지로 수소 원자의 비전하가 측정되었다. 수소 원자의 경우에 전자의 비전하에 비하여 1836분의 1이었다. 이것을 설명하기 위해 두 가지 경우가 생각된다. 즉

(1) 수소 원자와 전자의 전하의 크기는 같고 수소 원자는 전자에 비하여 1836배 무겁다.
(2) 수소 원자와 전자의 질량은 같고 전자의 전하가 수소 원자의 전하에 비하여 1836배이다.

물론, 두 가지 경우 이외의 가능성도 생각할 수 있다. 톰슨의 두 번째 경우는 부자연스럽다고 생각하고, 첫 번째 경우, 즉 전자 질량은 수소 원자의 1836분의 1로 전자는 아주 가벼운 입자라고 결론지었다. 전자의 비전하 측정은 수없이 많이 실시되고,

그 결과 전자의 비전하는 관 속의 잔류 기체의 성질이나 전극 물질에 전혀 관계가 없는 보편적인 양이라는 것이 판명되었다.

이렇게 하여 전자는 모든 원자를 구성하고 있는 보편적인 소립자라고 인식되었다고 할 수 있다.

전자의 전하

1833년에 영국의 물리학자로 화학자였던 패러데이는 1g의 수소에 9만 6500쿨롬(C)의 전기가 유리되는 것을 보였다. 그로부터 약 반세기 후에 스토니는 패러데이의 실험 결과에 의거하여 1g의 수소는 대략 10^{25}개의 수소 원자로 구성되므로 전자 전하는 10^{-20}C이라고 추정하였다. 오늘날의 눈으로 보면 스토니는 아보가드로수로서 부정확한 10^{25}을 사용하였으므로 부정확한 값을 얻었다. 그러나 그가 사용한 방법 자체는 올바르고 아보가드로수로서 앞에 나온 6.02×10^{23}을 사용하면 $96500/6.02 \times 10^{23} = 1.60 \times 10^{-19}$C으로 정확한 값이 된다.

금세기에 들어와서도 물체의 원자적 성질과 병행하여 전자 전하가 기본적인 단위라는 생각에서 전자 전하를 결정하는 많은 실험이 계속 시행되었다. 그리고 1911년 미국의 물리학자 R. 밀리컨은 가장 설득력이 있는 직접적 방법으로 전자 전하를 결정하는 유명한 기름 방울 실험을 했다.

밀리컨의 기름 방울 실험

톰슨의 방법에서는 전자 전하와 질량을 독립적으로 결정할 수 없다는 것은 앞에서 설명하였다. 밀리컨은 대전된 기름 방울의 낙하 운동을 관찰하여 전자 전하의 측정에 성공하였다. 이것은 앞에서 원자나 전자 레벨에서 중력은 전적으로 무시할 수 있다

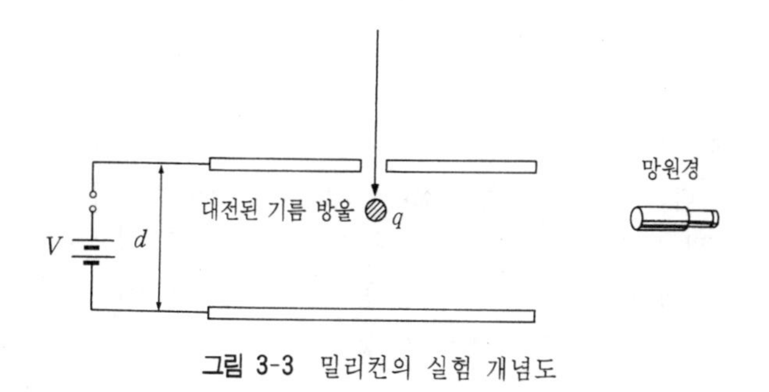

그림 3-3 밀리컨의 실험 개념도

고 말한 것과 모순되는 것 같지만 작은 기름 방울이라도 무수한 원자를 함유하고 있는 것을 생각하면 이해할 수 있다.

그림 3-3과 같은 실험 장치에서 대전된 1개의 기름 방울을 찾아내어 그것을 놓치지 않게 추적하여 이하의 측정을 실시한다. 먼저 간격 d의 전극간에 전압을 걸어 기름 방울의 낙하가 멎으면 전압 V를 구한다. 로렌츠 힘과 중력의 균형에서 대전기와 기름 방울의 질량 관계를 구할 수 있다.

다음에 전압을 끊고 기름 방울의 낙하 운동을 관찰한다. 기름 방울은 유명한 스토크스의 정리에 의하여 결정되는 평형 속도에 도달한다. 스토크스의 정리란 처음에 천천히 낙하하기 시작한 미립자가 점점 속도를 올려서 속도에 비례하는 점선 마찰력과 중력이 균형 잡힌 데서 평형 속도에 도달하는 관계를 나타낸다. 이 현상을 우리는 바람이 없을 때, 눈이나 비가 거의 일정한 속도로 내리는 것으로 경험하고 있다.

이 스토크스의 정리를 사용하여 평형 속도에서 기름 방울의 질량이 구해진다. 이 값을 앞에서 구한 대전기와 질량의 관계에 대입하여 대전하(帶電荷)가 결정된다.

이 측정을 다수의 대전된 기름 방울에 실시한 결과, 대전하는

$n \times 1.602 \times 10^{-19}$C($n = \pm 1$, ± 2, ± 3,……)의 관계를 만족하는 것을 알게 되었다.

이 관계에서 전하의 기본 단위는 1.602×10^{-19}C이라고 결론 짓는다. n은 기름 방울이 전기적으로 중성 상태에 비하여 전자를 몇 개 정도 여분을 가지거나 또는 전자를 잃고 양으로 대전되고 있는가를 나타낸다. 가장 중요한 것은 1.602×10^{-19}C보다 작은 전하는 존재하지 않고 이 값이 전기량의 최소 단위가 되고 있는 점이다.

전자 전하를 구했으므로 비전하 값으로부터 전자 질량은 $m_e = 9.109 \times 10^{-28}$g이 된다. 또 대전된 원자 전하는 전자 전하를 단위로 하고 있는 것을 알았으므로 수소 원자는 전자보다 1836배 무겁다고 생각한 톰슨이 옳았다는 것이 밝혀졌다.

밀리컨의 실험에서 전자 전하가 전하의 기본 단위인 것을 알게 되었다. 그리고 전자는 모든 원자의 구성 요소이며, 원소는 완전히 중성 상태라도 존재하므로 원자를 구성하는 모든 입자가 전자 전하와 같은 크기의 전하나 전자 전하의 정수배의 전하를 가진다는 결론이 나왔다.

Ⅳ. 원자핵의 발견

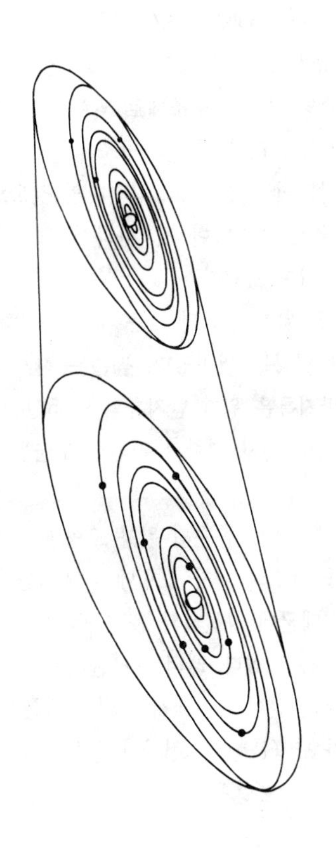

원자는 가벼운 전자를 포함하고 있는 것이 밝혀졌는데, 원자 질량의 대부분을 차지하는 전자 이외의 부분은 어떻게 되어 있는가. 러더퍼드가 금박막에 의한 α입자 산란으로 그 의문에 답하였다.

여명기의 원자 모형과 나가오카의 원자 모형

원자의 내부 구조는 어떻게 되어 있는가. 앞에서 설명한 것과 같이 톰슨 들의 연구 결과, 전자가 모든 종류의 원자에 공통된 보편적인 구성 요소로 되어 있다는 것을 알았다. 그 결과로서 전하가 모든 물체의 궁극적 구조체로 되어 있지 않는가 하는 가설은 매력적이었다. 그러나 궁극의 구조체로서는 전자에 대응하는 양전하가 발견되어 있지 않고, 양전하의 것으로서는 가장 가벼운 것이라도 수소 원자였던 것, 따라서 그에 비하여 전자가 너무 가볍다는 무리도 있었다.

톰슨의 원자상은 원자 부피의 모든 것을 차지하는 구 속에 전자가 밀려들어가 있다는 것이었다. 톰슨은 전자가 순수한 전하라고 생각하여 반지름은 원자 반지름의 약 5만분의 1이라고 결론지었다. 이 생각이 양자 역학과 완전히 모순된다는 것은 나중에 설명한다.

1903년에 P. 레너드는 톰슨의 원자 모형과는 전혀 다른 모델을 제안하였다. 레너드의 원자 모형에서 원자는 거의 아무것도 없는 공간에서 군데군데 양전하와 음전하로 이루어지는 작은 중성 쌍극자가 차지하고 있다. 레너드는 물체가 고속 전자를 비교적 통과하기 쉽다는 실험 결과에서 이렇게 결론을 지었다.

1904년에 나가오카(長岡)는 전자가 중심에 있는 양전하를 회전하는 '토성형 원자 모형'을 제안하였다. 이 모형은 현재 널리 인정되고 있는 러더퍼드의 원자 모형과 거의 같은데, 모형을 지지하는 실험 사실을 보이지 않았기 때문에 널리 인정받지 못했다.

1890년대 후반에 베크렐, 퀴리 부부에 의하여 방사성 동위 원소의 붕괴에 관한 연구가 진척되어 2개의 양전하(전자 전하를 단위로 하여)를 가진 입자가 방출되고 있다는 것을 알게 되었다. 이것은 α입자라고 이름붙었는데, 이 입자는 헬륨 원자핵이다. α입자는 아주 고속으로 광속의 약 20분의 1에도 이른다. 이 α입자야말로 러더퍼드의 원자핵 연구를 가능하게 하였다고 할 수 있다.

분자 크기를 결정하기 위해서는 매초 수백m의 기체 분자의 운동으로 충분하였는데, 원자 내의 구조 구명에는 고속의 α입자가 편리하였다.

러더퍼드의 원자 모형

1909년에 H. 가이거와 E. 마스덴은 α입자의 산란 실험에서 때때로 α입자가 90° 이상 큰 각도로 산란되는 것을 발견하였다. 이것은 중대한 발견이었다. 러더퍼드는 α입자의 이러한 강한 편향은 작고 무거운 양전하를 가진 중심 물체로부터의 전기적 척력에 의해서만 설명할 수 있다는 것을 알게 되었다.

그림 4-1에 톰슨과 러더퍼드의 원자 모형의 개념도를 보였다.

러더퍼드는 1936년에 행한 마지막 강연에서 "그 실험 사실은 나의 생애에서 일어난 가장 믿기 어려운 사건이었다. 그것은 마치 1장의 엷은 종이 조각을 노리고 방사한 15인치 포탄이 되튕겨서 내게 부딪친 것과 같은 정도의 놀람이었다"고 말했다.

러더퍼드의 산란 이론을 설명하기 전에 다중으로 일어나는 산

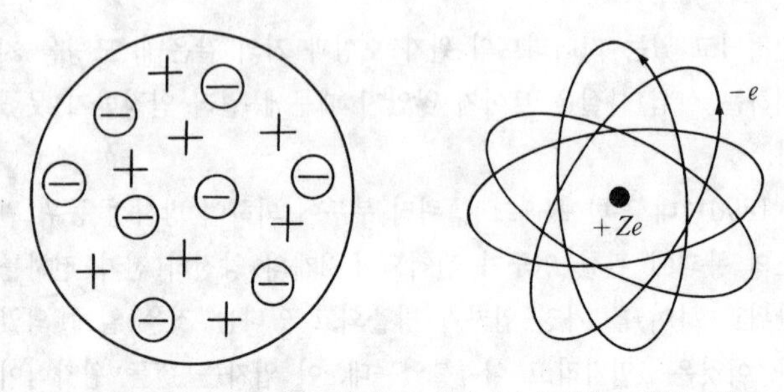

그림 4-1 톰슨의 원자 모형(왼쪽) 러더퍼드의 원자 모형(오른쪽)

란, 즉 산란이 몇 겹으로 반복하여 일어나는 과정의 통계적 취급에 대하여 생각해 보자.

금박에 의한 α입자의 산란을 예로 들자. 100분의 1μm, 즉 100만분의 1cm의 얇은 금박에 의한 산란에서는 평균적으로 약 10분의 1°(0.1°)만큼 입사 방향에 대하여 퍼진 각도 분포를 한다. 이것은 원자 내의 가벼운 입자인 전자로부터의 전기력에 의한 다중 산란에 의한다. 다중 산란은 그림 4-2에 보이는 것 같은 가우스형이라고 불리는 각도 분포를 가진다. 즉 범종형을 하고 있고, 이 경우에 분포 중심 높이의 61%에 해당하는 반폭을 표준 편차라고 한다.

이 얇은 층을 2장 겹쳤을 때의 각도 분포는 어떻게 되는가. 평균 각도는 산술합의 0.2°가 아니고 그 합의 제곱근이 되어 $0.1° \times \sqrt{2}$, 즉 약 0.14°이다. 마찬가지로 하여 이 박막을 100장 겹쳐서 두께 1μm의 적층으로 하면 평균 산란 각도는 0.1°의 $\sqrt{100}=10$배, 즉 1°가 된다. 결코 산술합의 $0.1° \times 100 = 10°$는 되지 않는다. 이것이 다중 산란 과정의 중요한 결과로 산술합이 되지 않고 합의 제곱근이 된다. 러더퍼드가 놀란 것같이 얇은

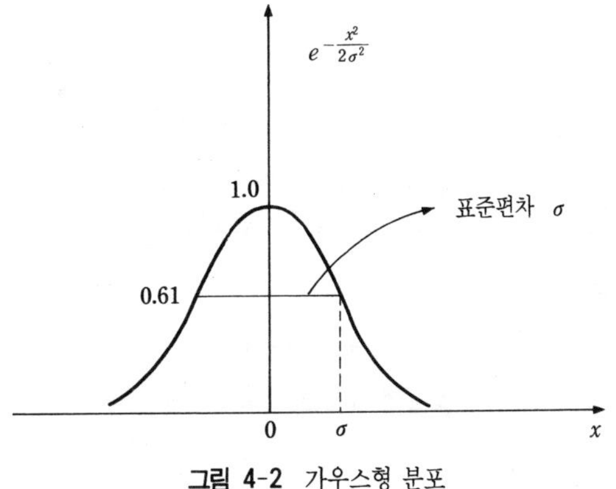

그림 4-2 가우스형 분포

종이 조각을 아무리 겹쳐도 산란 각도의 퍼짐은 그 두께 합의 제곱근에 비례하므로 결코 엉뚱하게 커지는 일은 없다.

반대로 작은 확률은 일어나는 큰 각도의 산란에서는 산란 표적의 두께에 비례하여 산란이 일어난다. 예를 들면, 1㎛의 표적으로 1만 번에 1번의 비율로 90° 이상의 산란이 일어난다고 하면 100㎛의 표적에서는 100배인 100회의 비율로 그러한 반응이 일어난다. 큰 각도의 산란 이벤트라도 항상 작은 각도의 산란이 겹쳐 있는데 큰 각도에 대한 영향은 작다(이벤트란 반응이 일어난 사상 예를 말한다).

금박에서의 α입자의 산란에서 한 번 정도의 작은 각도의 산란은 다중 산란의 이론과 일치한다. 또 큰 각도의 산란 확률은 표적인 금박 두께에 비례하여 일어나고 이 과정은 다중 산란 과정이 아니고 1회의 산란 과정에서 일어나고 있는 것이 밝혀졌다. 큰 각도의 산란은 아주 드문 현상이고 얇은 금박에서는 작은 확률로 일어난다. 작은 각도의 산란을 제외하면 α입자는 금

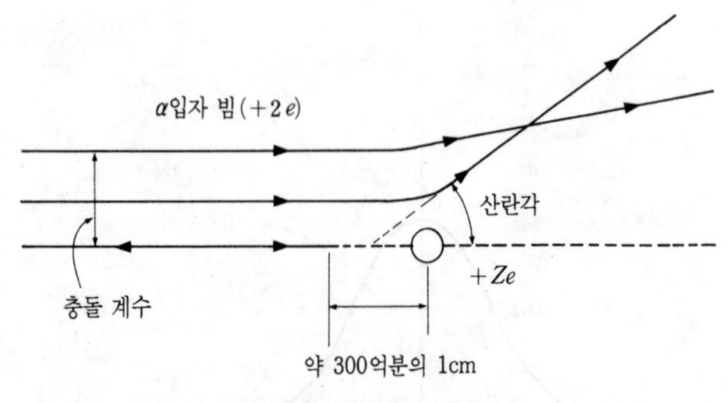

그림 4-3 러더퍼드 원자 모형

박을 거의 그냥 지나게 된다. 이것은 레너드가 고에너지 전자의 산란으로 얻는 결과와 일치한다.

1911년에 러더퍼드가 전개한 산란 이론에서는 원자 중심에 $+Ze$(Z는 원자 번호)의 양전하를 가진 부피가 작고 무거운 원자핵이 있고 $+2e$의 α입자가 원자핵에 가까워지면 Z에 비례하여 거리의 제곱에 반비례한 전기적 척력을 받아 반발된다. 원자핵은 α입자에 비하여 무겁기 때문에 그다지 되튀지 않는다.

산란의 모양을 그림 4-3에서 간단히 설명한다. α입자가 원자핵에서 전기력을 받지 않고 직진한다고 가정한 경우, 이 직선과 원자핵의 거리를 충돌 계수라고 부른다. 3개의 다른 충돌 계수에 대한 α입자의 비적을 보인다. 충돌 계수가 큰 경우, α입자는 거의 그대로 지나쳐 버리므로 산란각은 작다. 충돌 계수가 작아지면 전기적 척력이 거리의 제곱에 반비례하여 강해지므로 큰 각도로 산란된다. 충돌 계수가 0인 때는 완전한 정면 충돌이 되어 α입자는 180°로 산란된다.

증명은 생략하는데, α입자의 산란각을 θ라고 하면 산란 확률은 산란 표적의 원자 번호의 제곱에 비례하여 $\sin\left(\frac{\theta}{2}\right)$의 4제곱에 반비례한다. 이것이 유명한 러더퍼드의 산란 공식으로 실험 결과를 잘 설명할 수 있었다.

원자핵의 크기와 전하

러더퍼드의 산란 공식을 여러 가지 원소를 표적으로 한 실험 결과에 맞추면 원자핵의 전하 Ze를 추측할 수 있다. 가이거와 마스덴은 많은 표적 원소에 대하여 전하수 Z는 원자 질량의 약 반이라는 것을 보였다. 또 어떤 원소도 전기적으로 중성이므로 원자의 전자수는 Z라고 결론지었다.

정면 충돌인 경우, α입자는 원자핵에 가까워짐에 따라 전기적 반발력에 의해서 감속되어 속도가 0이 된 후에 다시 반발력으로 속도를 회복한다. 원자핵에서 충분히 멀어지면 충돌 전의 속도로 되돌아간다. 속도가 0일 때 α입자는 원자핵에 가장 접근한다. 이때 α입자의 운동 에너지가 모두 전기적 위치 에너지로 변한다. 러더퍼드는 α입자의 속도를 알아내어 최단 거리는 약 3×10^{-12}cm, 즉 3000억분의 1cm 이하인 것을 보였다. 따라서 원자핵 반지름은 3×10^{-12}cm 이하가 된다. 원자의 반지름 약 10^{-8}cm에 비교하면 대단히 작고 원자핵이 차지하는 부피는 원자 부피의 1000억분의 1 이하가 된다.

전자기 이론과 모순

러더퍼드의 원자 모형은 훌륭한 성공을 거두었으나 맥스웰의 전자기 이론과 모순되는 문제가 생겼다.

전자기 이론에 의하면 전하를 가진 입자가 가속도를 가지고 운동하면 가속도의 제곱에 비례한 에너지를 가진 전자기파를 복사한다. 러더퍼드의 원자에서는 원자핵을 중심으로 하여 전자가 회전하고 있다. 즉, 전자는 가속도를 가지고 운동하고 있으므로 전자기파를 방출한다. 이 과정에서 전자는 에너지를 잃고 점점 궤도 반지름이 작아지고 마지막에는 원자핵에 매몰되어 버린다.

실제로 수소 원자로 계산하면 100억분의 1초 이내로 이것이 일어난다. 이것은 대단한 모순이며 원자와 같은 미크로의 세계에서는 새로운 물리 법칙이 지배하고 있는 것을 시사한다.

러더퍼드의 원자 모형의 성공과 이 모형의 고전 전자기 이론의 모순은 바로 보어 등에 의한 양자 역학 발전에 결부되었다고 말할 수 있다.

V. 원자를 지배하는 물리 법칙

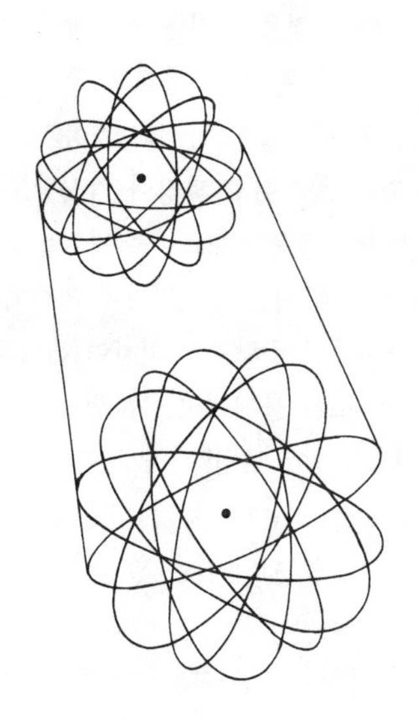

플랑크의 이론

러더퍼드의 원자 모형의 성공에 의하여 원자는 $+Ze$의 전하를 가지며 부피가 작고 무거운 원자핵이 중심에 있고, 그 주위를 Z개의 가벼운 전자가 회전하고 있는 것이 밝혀졌다. 그 반면에 고전 전자기 이론과 모순이나 원자의 크기는 어떠한 물리 법칙에 의하여 결정되어 있는가, 또 원자핵은 어떤 구조를 하고 있는가 하는 새로운 의문이 솟아난다. 20세기의 물리학 발전은 바로 이들 의문에 해답을 주고 다시 다음 레벨의 자연 법칙 탐구로 이어져 갔다.

1900년에 독일의 물리학자 M. 플랑크에 의하여 처음으로 도입된 '양자'의 개념은 보어의 원자 이론, 다시 1926년에 나타난 근대 양자 역학으로 발전하였다.

고온의 물체, 예를 들면 전열기 등에 가까이 가면 열풍과 같은 것이 복사되고 있다는 것을 우리는 일상에서 경험하고 있다. 열풍이라고 말했는데, 열풍은 고온 상태인 공기의 흐름이며 고온 물체에서 발하는 열류는 실은 공기의 흐름과는 직접 관계가 없다. 그것은 빛과 같은 종류이고 파장이 가시광보다 긴 적외선이라 부르는 전자기파로 열복사라고 부른다. 열복사 문제는 19세기 후반에서부터 많은 뛰어난 물리학자에 의하여 연구가 진행되고 1900년대에 들어와서 플랑크에 의하여 해명되었다.

열평형 상태에 있는 고온 물체에서 복사되는 적외선 스펙트럼의 해석을 하면 그림 5-1에 보인 것과 같이 어떤 파장에서 극대값을 갖는 스펙트럼을 얻는다. 극대 파장과 절대 온도(섭씨 온도에 273℃를 더하여 얻는)의 곱은 일정하게 되는 것이 알려져 있다.

플랑크는 이 파장 분포를 이론적으로 구하는 데 성공하였다.

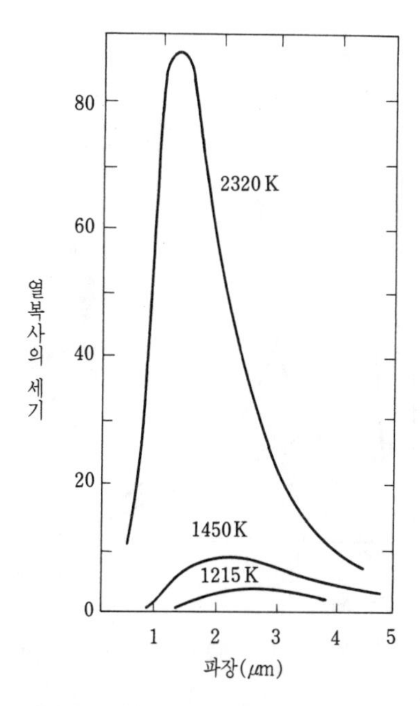

그림 5-1 열복사의 세기 분포(온도는 절대 온도, 즉 섭씨 온도에 273℃를 더한 것이다)

플랑크 앞에 W. 레일리와 J. 진스는 조화 진동자를 사용하는 고전적 방법에 의하여 단위 부피당 복사 에너지 밀도를 구하였다. 또 1개 진동자의 평균 에너지가 볼츠만 분포에 따른다고 하고 kT라는 것을 보이고 레일리-진스의 복사 공식을 유도하였다(k는 볼츠만 상수로 $k=1.38\times10^{-16}$erg/K로 주어지고, T는 절대 온도를 나타낸다). 이 공식은 그림 5-2에 보인 것과 같이 진동수가 작은 곳, 즉 파장이 긴 곳에서 실험값과 잘 일치하는데 진동수가 큰 곳에서 발산한다. 이것을 자외부 파국이라고 부른

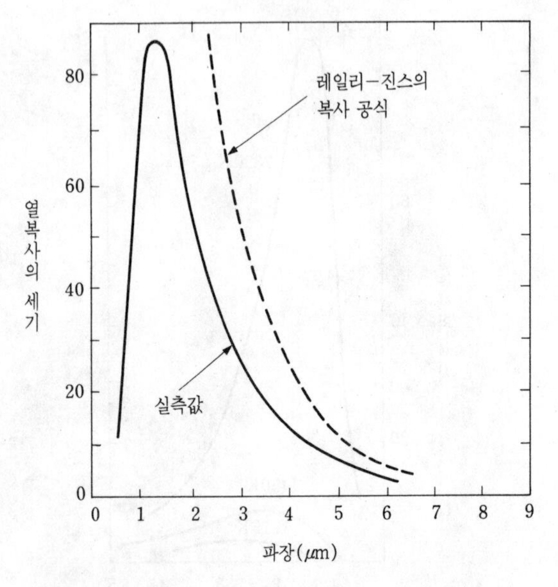

그림 5-2 열복사의 세기 분포와 레일리−진스의 복사 공식

다. 또 스펙트럼이 극대값을 가지지 않는다는 문제도 있었다. 그러나 진동수가 작은 곳에서의 실험값과의 일치는 이 복사 공식이 주는 밝은 희망이었다.

플랑크는 조화 진동자의 에너지값은 연속이 아니고 양자화된 띄엄띄엄한 값, 즉 0, $h\nu$, $2h\nu$, $3h\nu$,……에서만 허용된다고 가정하여 진동자의 평균 에너지로서 $h\nu/(e^{h\nu/kT}-1)$를 구하였다. 이것이 물리학 분야에서 이루어진 가장 중요한 가정의 하나로 플랑크에 의한 에너지의 양자화이다. h는 플랑크 상수로 근대 물리학에 나타나는 가장 중요한 상수의 하나로 $h=6.625\times10^{-27}$erg·sec이다. ν는 진동수로 파장 λ와의 사이에 $\nu\lambda=c$(광속도)의 관계가 있다. 플랑크 진동자의 평균 에너지는 진동수가 작거나 온도가 큰 극한에서는 kT가 되어 레일리-진스의 값과 일치한다.

플랑크의 복사 공식은

$$u(\nu)=\frac{8\pi h\nu^3}{c^3}\frac{1}{e^{h\nu/kT}-1}$$

로 주어지고 실험 결과와 잘 일치한다.

이 플랑크의 에너지 양자에 대한 생각은 아인슈타인의 광양자설과 결부되어 빛은 전자기파와 같이 파동으로 행동함과 동시에 $h\nu$라는 에너지를 가진 질량을 갖지 않는 입자로 다루어지게 되었다.

빛의 입자성——광자

아인슈타인은 1905년에 빛은 어떤 상황 아래에서는 입자로 이루어진다고 간주할 수 있고, 그 입자의 에너지는 $h\nu$와 같다고 제안하였다. 이 빛의 입자를 광자라고 부른다. 이 가정은 플랑크의 에너지 양자의 가정과 일치한다.

아인슈타인의 가정은 자외선에 의한 광전 효과를 설명할 수 있었다. 즉 자외선을 금속 표면에 쬐었을 때, 튀어나오는 전자의 에너지는 자외선의 파장과 관계가 있는데, 세기에 의존하지 않는다. 이것은 자외선이 $h\nu$라는 에너지를 가진 입자라고 하면 잘 설명할 수 있다.

또 1922년에 미국의 물리학자 A. 콤프턴이 실시한 전자에 의한 X선의 산란 실험에서는 물체 내의 자유 전자와 광자의 탄성 산란이라고 하면 X선의 파장 변화의 각도 의존성이 잘 설명되었다. 이것이 유명한 콤프턴 효과이다.

그후, 많은 실험에 의하여 빛은 질량과 전하를 갖지 않는 입자, 즉 광자라는 것이 실증되었다.

보어의 원자 이론

1913년 덴마크의 물리학자 N. 보어는 수소 원자 스펙트럼에 관한 이론을 제안하였다. 보어는 다음 세 가지 가정을 하였다.

(1) 원자의 에너지 상태는 연속이 아닌 띄엄띄엄한 값만을 가진다.
(2) 빛의 흡수나 방출은 하나의 바닥 상태에서 다른 바닥 상태로의 전이에 의해서 일어난다.
(3) 바닥 상태에 있어서 전자는 보통의 역학 법칙을 따른다.

이 가정에 의거하여 수소 원자의 에너지 상태는 n은 자연수로서 n의 제곱에 반비례한 음의 값을 가진다는 것을 보였다. 즉 $E_n \propto -\frac{1}{n^2}$ $(n=1, 2, 3, \cdots\cdots)$. 따라서 전이에 있어서 광양자 에너지는 $h\nu = E_n - E_m \propto \frac{1}{m^2} - \frac{1}{n^2}$ $(m=1, 2, 3, \cdots\cdots)$가 된다. 이 결과는 스위스의 중학교 교사 J. J. 발머에 의해 발견된 원자 스펙트럼에 관한 법칙과 일치한다.

드브로이파와 각운동량의 양자화

여기서 보어의 원자 이론을 직관적으로 이해하기 위하여 역사적 순서는 거꾸로 되지만, 프랑스의 물리학자 L. V. 드 브로이에 의하여 제안된 물질파, 또는 드브로이파를 사용하여 보어의 원자 모형을 생각해 보자.

1924년에 드 브로이는 전자와 같은 입자도 파동의 성질을 가지고 있고 그 파장 λ는 운동량을 p라고 하면 $\lambda = \frac{h}{p}$로 주어진

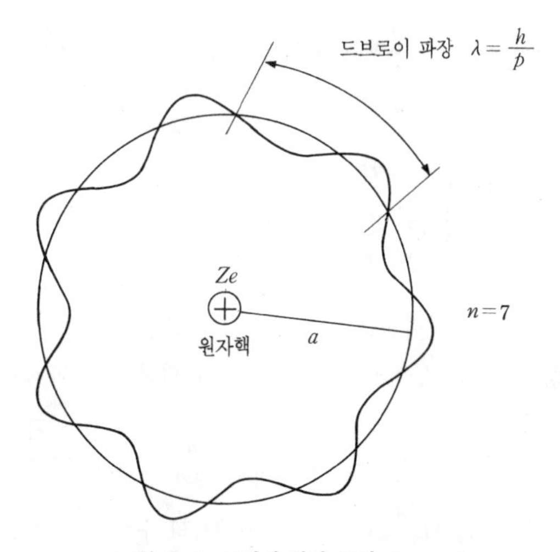

그림 5-3 보어의 양자 조건. $2\pi a=n\lambda$

다고 제안하였다. h는 플랑크 상수이다. 드브로이파를 사용하면 보어 원자에서는 그림 5-3과 같이 원자핵 주위의 전자의 궤도 운동은 원주가 마침 드브로이 파장의 정수배, 즉 원주에서 드브로이파가 잘 연결되는 것만이 허용되는 것에 대응한다. 즉 궤도 반지름을 a라고 하면 $2\pi a=n\lambda=n\frac{h}{p}$($n=1, 2, 3,\cdots\cdots$)가 되어 $ap=n\frac{h}{2\pi}=n\hbar$의 관계가 유도된다. 여기에서 사용한 $\hbar$는 플랑크 상수를 2π로 나눈 것으로 $\hbar=h/2\pi\fallingdotseq10^{-27}$erg·sec이다. ap는 궤도 각운동량([반지름]×[운동량])이므로 보어는 궤도 각운동량이 $\hbar$의 정수배라고 하는 궤도 각운동량의 양자화를 한 것이 된다. 이것은 플랑크의 에너지의 양자화와 더불어 대단히 중요한 결론이다.

각운동량 앞에 궤도라고 덧붙인 것은 고전적으로는 입자 자전에 대응하는 고유 각운동량(보통 스핀이라고 부른다)이 있고,

예를 들면 전자나 양성자의 경우에 $\frac{1}{2}\hbar$에서 $\hbar$의 반정수배가 되어 있다.

보어 반지름과 에너지 준위

다음에 수소 원자의 반지름과 에너지 준위를 구한다. 원심력과 쿨롱 힘의 균형에서 $\frac{m_e v^2}{a}=\frac{e^2}{a^2}$, 즉 $a=\frac{e^2}{m_e v^2}$가 된다. 여기에 $p=m_e v$, $ap=n\hbar$에서 v를 구하여 대입하면 $a=\frac{\hbar^2}{m_e e^2}n^2$를 구할 수 있다. $n=1$일 때, $a_0=0.52\times10^{-8}$㎝가 되어 보어 반지름이라고 부른다. 또 전자의 에너지는 $E=-\frac{e^2}{2a}$이므로 a를 대입하여 $E=-\frac{m_e e^4}{2\hbar^2}\frac{1}{n^2}\propto-\frac{1}{n^2}$가 되어 앞의 결과와 일치한다.

보어 이론으로부터 바닥 상태에 있어서의 수소 원자의 반지름이 a_0라고 구해졌는데, 이것은 실험적으로 알려진 값과 일치한다. 이상과 같이 원자의 크기에는 궤도 각운동량이 $\hbar$의 정수배만 허용된다고 하는 역학적 조건이 중요한 역할을 다하고 있는 것을 알게 된다. 플랑크 상수의 발견은 금세기의 물리학 발전에 있어서 가장 중요한 역할을 담당하고 있다고 말할 수 있다.

근대 양자 역학과 불확정성 원리

근대 양자 역학은 1926년에 시작되었다고 할 수 있다. 독일의 물리학자 W. 하이젠베르크 들의 매트릭스 이론, 같은 E. 슈뢰딩거의 파동 역학 등 여러 가지 형태로 동시에 전개되었다. 디랙은 금세기 중엽에 "양자 역학의 일반론은 상대론과 관계된 부분에서 불완전한 곳도 있으나 거의 완전하고 원자나 분자, 보통의 화학 반응에 관한 기본 법칙은 완전히 알려졌다"라고 말하였다.

여기서 1927년에 하이젠베르크에 의하여 처음으로 유도된 관계로서 하이젠베르크의 불확정성 원리라고도 부르는 중요한 생각을 언급해야 한다. 이 원리에 의하면 입자 위치와 운동량을 동시에 정밀하게 결정하는 것은 불가능하고 위치와 운동량 사이에는 다음의 관계가 성립된다. 즉

〔위치의 불확정함〕×〔운동량의 불확정함〕$\gtrsim \hbar$

$\hbar$는 앞에 정의한 것과 같이 플랑크 상수 h를 2π로 나눈 상수이다. $\hbar$는 대단히 작은 양이므로 위 식으로 표현되는 불확정성 원리는 일상 생활에서는 그다지 중요한 관계가 아니지만 원자나 소립자와 같은 미크로의 세계에서는 대단히 중요한 관계이다.

지금, 어떤 입자의 위치를 Δx의 정밀도로 측정하였다고 하자(Δx는 잘 사용되는 기호로 그리스 문자 델타 Δ를 위치를 나타내는 물리량 앞에 붙여서 그 양의 미소 변화량을 나타낸다). 불확정성 원리가 의미하는 것은 그 입자의 운동량을 아무리 노력해서 정밀하게 측정하려고 해도 그 정밀도를 $\hbar/\Delta x$보다 좋게 할 수 없다는 것이다. 위치의 정밀도가 좋고 Δx가 작을수록 운동량의 정밀도는 Δx에 반비례하여 나빠진다. 즉 완전한 측정 장치를 사용해도 원리적인 한계가 있다는 것을 의미한다. 거꾸로 운동량을 대단히 정밀도 좋게 Δp에 측정했다고 하면 이번에는 위치의 정밀도를 $\hbar/\Delta p$보다 좋게는 측정할 수 없게 된다.

불확정성 원리는 위치와 운동량 사이뿐 아니고, 예를 들면 시간과 에너지 사이나 각도와 각운동량 사이에서도 성립한다. 즉

〔시간의 불확정함〕×〔에너지의 불확정함〕$\gtrsim \hbar$
〔각도의 불확정함〕×〔각운동량의 불확정함〕$\gtrsim \hbar$

앞에서 설명한 톰슨의 원자 모형에서는 대단히 가볍고 작은 전자가 원자 내에 점재하고 있는 모형이었는데, 이것은 불확정성 원리와 완전히 모순된다는 것을 알 수 있다. 왜냐하면 시간과 에너지의 불확정성 관계의 양변에 광속도 c를 곱한다. 개산(概算)으로

〔시간의 불확정함〕×〔광속도〕~〔위치의 불확정함〕

이라고 놓을 수 있으므로 식을 변형하면

〔위치의 불확정함〕$\gtrsim c\hbar/$〔에너지의 불확정함〕

이 된다. $E=mc^2$의 관계에서 에너지의 불확정함은 그 반응에 관여하는 입자 질량의 크기라고 생각할 수 있으므로 질량이 가벼운 것일수록 위치의 불확정함이 크게 된다.

VI. 소립자의 세계에 중요한 상대성 이론

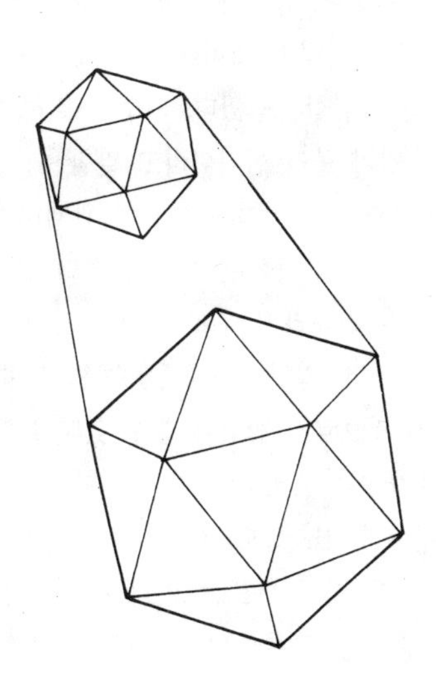

지금까지 이야기한 원자나 분자에 관한 물리 현상에서는 상대론의 영향은 크지 않고 비상대론적인 취급으로 충분하였다. 그러나 콤프턴 산란과 같이 비교적 높은 에너지를 가진 전자의 산란이나 원자핵의 β붕괴 등에서는 상대론적 취급이 필요하게 된다. 양성자와 같은 무거운 입자라도 운동 에너지가 정지 질량 에너지에 가까워지는 고에너지 영역에서는 상대론적 취급이 불가피하게 된다.

물리 법칙의 보편성

특수 상대성 이론의 대전제는 '물리 법칙은 좌표계에 의하지 않고 성립한다'이다. 엄밀하게는 등속 병진 운동을 하는 좌표인데, 이 절의 내용에는 그다지 중요하지 않으므로 단지 좌표계라고 한다. 이것은 예를 들면, 영국에서 발견된 만유 인력의 법칙이 일본에서도 성립하며, 달이나 화성, 우주의 어디서나 성립한다고 생각한다. 만유 인력의 법칙에 한하지 않고 모든 물리 법칙에 대하여 이렇게 말할 수 있다. 거꾸로 말하면 이러한 대전제를 만족시키는 것이 물리 법칙이라고 말할 수 있다.

전자에서 설명하였는데, 전자는 원소에 관계하지 않는 보편적인 구성 입자이며 지구상 물체뿐 아니라 멀리 떨어진 별에 있는 원소의 전자도 같은 전자라고 우리는 믿고 있다. 이것은 틀림없이 자연 과학의 근본적 정신이라고 할 수 있다. 따라서 이 대전제는 이치에 맞는 것으로서 받아들일 수 있다고 생각된다.

맥스웰의 전자기 이론으로부터 진공 중의 전자기파의 속도가 일의적으로 결정된다. 또 빛도 전자기파에 포함되므로 전자기 이론에서 진공 중의 빛의 속도는 일정하다는 것을 알게 된다. 이것은 대단히 중요한 결론이며, 특수 상대성 이론의 대전제

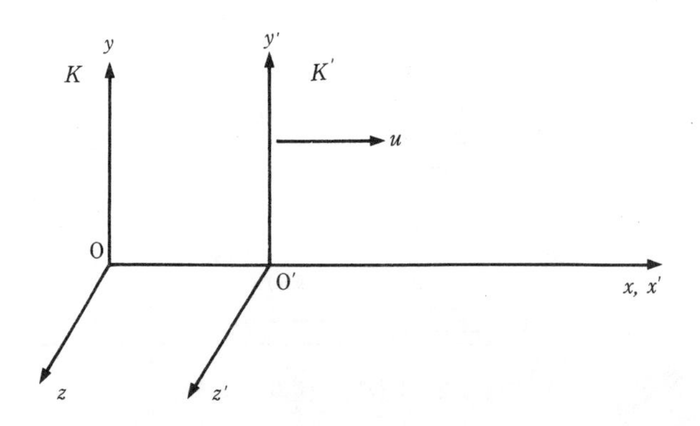

그림 6-1 갈릴레이의 좌표 변환

에서 어느 좌표계에서 측정해도 광속도는 일정하다. 앞으로의 설명에서 밝혀지는 것처럼 광속도가 무한대인 경우에는 문제가 되지 않지만, 유한인 경우에 고전론에서는 큰 문제가 된다.

갈릴레이의 좌표 변환

그림 6-1과 같이 2개의 좌표계 $K=\{xyz\}$, $K'=\{x'y'z'\}$에서 K'가 K에 대하여 x방향에 속도 u로 움직인다고 한다. 지금, 시간 $t=0$으로 2개의 좌표계의 원점 O와 O′가 일치하고 있다고 하면 t시간 후에는 2개의 좌표계 사이에서 다음 관계가 성립하다. 즉, $x=x'+ut$, $y=y'$, $z=z'$이다. O와 O′의 거리가 ut가 되는 것과 K'는 x방향으로 움직이고 있으므로 원점 O′는 x축 위만을 이동하는 데서 이 관계가 분명하다고 생각된다. 이 좌표 변환을 갈릴레이 변환이라고 부른다.

갈릴레이 변환이 일상 경험으로 올바르다는 것을 보이겠다. 그림 6-2와 같이 지금 전동차가 시속 100km로 좌표계 K에서

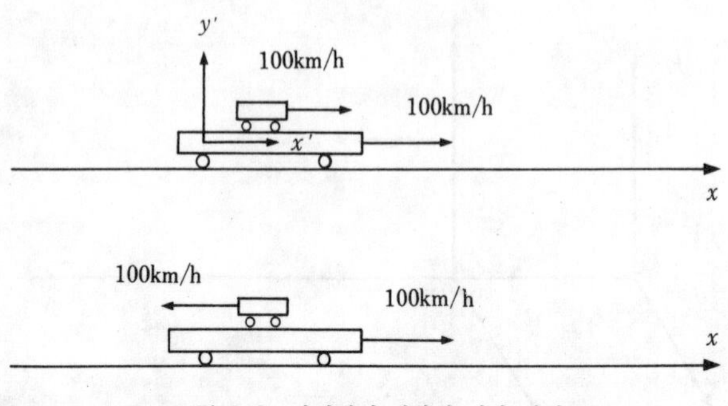

그림 6-2 갈릴레이 변환의 일상 경험

x방향으로 달리고 있다고 하자. 이 전동차 위를 소형 전동차가 같은 x방향으로 시속 100㎞로 달릴 때 지상에서 보면 이 소형 전동차는 속도의 합인 시속 200㎞로 x방향으로 달린다. 또 소형 전동차가 반대 방향으로 시속 100㎞로 달리면 지상에서는 속도 0으로 정지해서 보인다.

갈릴레이 변환을 사용하여 전동차가 좌표 K'에 정지하고 있다고 하고 $u=100$㎞/h라고 한다. $t=0$에서 전동차도 소형 전동차도 원점, 즉 $x=0$, $x'=0$에 있다고 하면 t시간 후 소형 전동차의 위치는 같은 방향과 반대 방향에서 $x'=ut$와 $x'=-ut$가 된다. 이것을 갈릴레이 변환식에 대입하면 $x=2ut$와 $x=0$이 되어 경험으로 얻은 결과와 일치한다.

다음에 $t=0$에서 원점 O, O'에서 x방향으로 빛의 펄스를 보낸다. 가령 광속도를 2개의 좌표계에서 c, c'라고 가정하면, t시간 후에 빛은 $x=ct$, $x'=c't$에 도달한다. 이것을 갈릴레이 변환식에 대입하면 $ct=c't+ut$, 즉 $c=c'+u$가 된다. 따라서 상대성 이론의 대전제와 맥스웰의 전자기 이론에 의하면 $c=c'$이므로 $u=0$이 되어 좌표계 K'가 유한한 속도로 움직인다는 것에 모순된다. 광속도가 유한한 크기를 갖는 한 갈릴레이 변환은 상대성 이론의 대전제와 맞지 않게 된다.

앞에서 설명한 전동차의 예에서는 전동차의 속도가 광속도에 비하여 월등히 작기 때문에 갈릴레이 변환은 근사적으로 올바르고 상대성 이론과 모순되지 않는다. 다음에 이 전동차의 예를 연장하여 가령 전동차가 광속도로 x방향으로 달리고 그 전동차 위를 소형 전동차가 광속도로 같은 x방향으로 달린다고 하자. 갈릴레이 변환에서는 지상에 있는 사람에게는 소형 전동차가 광속도의 2배인 속도로 달리는 것처럼 보인다. 그러나 이제부터 설명하는 상대성 이론에서는 소형 전동차는 역시 광속도로 달리는 것처럼 보인다.

광속도의 결정

현재 우리는 빛이 매초 30만km, 즉 1초에 지구를 7바퀴 반 돈다는 것을 알고 있다. 진공 중의 광속도는 물리학의 가장 기본적인 상수의 하나로 보통 기호 c로 나타낸다.

1676년에 뢰머는 목성의 위성이 기울고 차는 동안의 시간이 지구와 목성의 거리 차이에 따라 시간적으로 차이가 나는 것에서 그 시간차를 측정하여 광속도를 매초 28만km라고 추정하였다. 이것이 인류 최초의 광속도의 측정이다. 최근에는 프랑스의 천문학자 D. 아라고 들에 의하여 개발된 회전 거울법에 의하여 정밀도를 높게 측정할 수 있다. 미국 캘리포니아 주 윌슨 산과 샌안토니오 산 사이의 70km의 광행로를 사용하여 미국의 물리학자 A. 마이컬슨은 1927년에 다음 값을 얻었다. 즉

$$c = 299{,}798 \pm 4\text{km/초}$$

아인슈타인의 특수 상대성 이론

1905년에 아인슈타인은 광속도 일정의 원리를 제안하였다. 즉 '모든 좌표계에서 광속도는 일정하다'라고 하였다. 이것은 지금까지의 설명과 일치한다. 아인슈타인은 갈릴레이 변환과 모순을 풀기 위하여 시간 t도 좌표에 독립적이 아니라 좌표계와 동시에 변환한다고 생각하였다. 즉 고전적으로는 좌표와 시간이 완전히 독립되어 있고 시간은 모든 좌표계에서 보편적이라고 생각되었는데 새로운 이론에서는 시간을 네 번째 좌표라고 생각한다.

2개의 좌표계를 $K=\{xyz;t\}$, $K'=\{x'y'z';t'\}$라고 한다. 앞에서와 마찬가지로 K'는 K에 대하여 x방향으로 속도 u로 움직이고 있고 $t=t'=0$으로 원점은 일치하고 있다. 지금 $t=t'=0$으로 원점에서 빛의 펄스가 발생했다면 광속도 일정의 원리에서 K좌표계에서 t시간 후의 빛이 도달하는 좌표점은 $\sqrt{x^2+y^2+z^2}=ct$ 또는 $x^2+y^2+z^2-c^2t^2=0$이 된다. 마찬가지로 K'좌표계에서도 t'시간 후에 $\sqrt{x'^2+y'^2+z'^2}=ct'$ 또는 $x'^2+y'^2+z'^2-c^2t'^2=0$이 얻어진다.

이들 관계는 $x^2+y^2+z^2-c^2t^2=0$이라는 관계가 모든 등속 운동하는 좌표계에서 성립한다는 것을 의미한다. 좌변의 값은 항상 같은 값, 이 경우는 0이 되는데 이것을 로렌츠 불변량이라고 한다.

다음에 이들 관계를 만족하는 2개의 좌표계 사이의 좌표 변환을 구한다. 좌표 운동에 직교하는 y와 z좌표는 갈릴레이 변환의 경우와 마찬가지로 불변이므로 변환의 일반적인 형태는 $x=Ax'+Bt'$, $y=y'$, $z=z'$, $t=Cx'+Dt'$로 주어진다. 위치 좌표 x와 시간 t가 서로 변환에 관계하는 것이 갈릴레이 변환과 큰 차이적이다. 이 변환 관계가 로렌츠 불변성을 만족하도록 A, B, C, D를 결정하면 된다. 그 결과

$$x=\frac{x'+ut'}{\sqrt{1-(u/c)^2}},\ y=y',\ z=z',\ t=\frac{t'+ux'/c^2}{\sqrt{1-(u/c)^2}}$$

가 얻어진다.

이것을 $x^2+y^2+z^2-c^2t^2$에 대입하여 $x'^2+y'^2+z'^2-c^2t'^2$가 되는 것을 증명할 수 있다. 이것이 중요한 로렌츠 변환이다.

이 변환에서 u가 c에 비하여 대단히 작은 경우에는 $u/c=0$이라고 놓으면 $t=t'$, $x=x'+ut$가 되어 갈릴레이 변환과 같다. 또 u가 c보다 크면 분모의 제곱근 안이 음이 되고 x도 t도 허수가 된다. 따라서 보통 u가 c보다 커지는 일은 없다는 결론이 얻어진다.

여기서 상대론에서 잘 사용되는 기호를 소개한다.

속도를 진공 중의 광속도를 단위로 측정한 양을 β라고 하면 $\beta=u/c$가 되어 β는 1보다 작다. 상대론 인자라고도 할 수 있는 γ는 $\gamma=1/\sqrt{1-(u/c)^2}=1/\sqrt{1-\beta^2}$으로 정의된다. 이들의 파라미터를 사용하면 좌표와 시간의 로렌츠 변화는 $x=\gamma(x'+\beta ct')$, $y=y'$, $z=z'$, $t=\gamma(t'+\beta x'/c)$가 된다.

운동량과 에너지 사이의 로렌츠 변환

좌표와 시간 사이에서 구해진 로렌츠 변환은 입자의 운동량과 에너지 사이에서도 성립한다. 즉 2개의 좌표계에서 운동량과 에너지를 $\{p_x, p_y, p_z; E\}$, $\{p'_x, p'_y, p'_z; E'\}$라고 하면 로렌츠 불변량은

$$p_x^2+p_y^2+p_z^2-(E/c)^2=p'^2_x+p'^2_y+p'^2_z-(E'/c)^2=-(m_0c)^2$$

가 된다. m_0는 입자의 정지 질량이고, p_x, p_y, p_z는 운동량의 x, y, z방향의 성분이다. 이 경우 로렌츠 변환은

$$p_x=\frac{p'_x+uE'/c^2}{\sqrt{1-(u/c)^2}},\ p_y=p'_y,\ p_z=p'_z,\ E=\frac{E'+up'_x}{\sqrt{1-(u/c)^2}}$$

이다. 또 β, γ를 사용하면 $p_x=\gamma(p'_x+\beta E'/c)$, $p_y=p'_y$, $p_z=p'_z$, $E=\gamma(E'+\beta cp'_x)$이다. 이 역의 변환은 u를 $-u$, 또는 β를 $-\beta$로 얻어지고 $p'_x=\gamma(p_x-\beta E/c)$, $E'=\gamma(E-\beta cp_x)$이다.

로렌츠 불변량의 식을 변형하면,

$E^2-(p_x^2+p_y^2+p_z^2)c^2=(m_0c^2)^2$ 또는 $E^2-p^2c^2=(m_0c^2)^2$가 된다. p는 운동량의 크기로 $p=\sqrt{p_x^2+p_y^2+p_z^2}$이다. 에너지 E는 정지 질량 에너지와 운동량 에너지의 합이다. 또 운동량은 상대론적 질량 $m=\gamma m_0$와 속도의 곱으로 표시된다. 입자의 상대론적 운동 역학에서 가장 중요한 관계는 다음 식으로 주어진다. 즉

〔에너지〕^{2}−〔운동량〕$^2c^2$=〔정지질량〕$^2c^4$

가 된다. $p=0$일 때 즉 입자가 정지하고 있는 경우에 $E^2-p^2c^2=(m_0c^2)^2$에서 잘 알려진 아인슈타인의 질량과 에너지의 관계 $E=m_0c^2$이 얻어진다.

지금 좌표계 K'에서 정지하고 있는 정지 질량 m_0의 입자를 생각해 보자. $p'_x=p'_y=p'_z=0$이므로 $E'=m_0c^2$이 되어 로렌츠 변환식은

$p_x=\frac{m_0u}{\sqrt{1-(u/c)^2}}$, $E=\frac{m_0c^2}{\sqrt{1-(u/c)^2}}$ 가 된다. 앞에서 설명한 것같이 $m=\frac{m_0}{\sqrt{1-(u/c)^2}}$

라고 놓으면 $p_x=mu$, $E=mc^2$가 얻어진다. $m=\gamma m_0$는 운동하고

표 6-3 상대론 파라미터, β와 γ

가속기	입자	빔에너지	β	γ
트리스탄	전자+양전자	30GeV	$0.\underbrace{999999999}_{9}86$	60,000
테바트론	양성자+반양성자	900GeV	$0.\underbrace{999999}_{6}46$	960
SSC	양성자+양성자	20,000GeV	$0.\underbrace{99999999}_{8}89$	21,300

있는 입자의 질량이다.

이 질량의 관계에서 분명한 것같이 질량이 있는 입자의 속도가 광속도 c에 가까워지는 데 따라서 $\gamma=\dfrac{1}{\sqrt{1-(u/c)^2}}$ 에 비례하여 무거워지고, 결코 진공 중의 광속도를 넘을 수는 없다. 표 6-3에 트리스탄, 테바트론 및 SSC에 있어서 상대론 파라미터를 보인다.

다입자계의 무게중심계 에너지

지금까지 1개 입자의 로렌츠 변환에 대하여 설명하였는데 로렌츠 불변량의 개념은 그대로 많은 입자를 포함하는 계에도 성립한다. 즉

$$〔에너지의\ 합〕^2-〔운동량의\ 합〕^2\cdot c^2=〔계의\ 정지\ 질량〕^2\cdot c^4$$

이 계의 정지 질량은 다름아닌 그 계의 무게중심계의 에너지로 불변 질량이라고도 부른다. 또 운동량의 합은 운동량 벡터의 합을 의미하므로 〔운동량의 합〕^{2}=〔x성분의 합〕^{2}+〔y성분의 합〕^{2}+〔z성분의 합〕^{2}와 같이 계산하면 쉽게 구할 수 있다.

시간의 지연 현상

시간의 로렌츠 변환 $t=\gamma(t'+\beta x'/c)$에서 $x'=0$, 즉 K'좌표의 원점에서 생각하면 $t=\gamma t'$가 된다. 움직이고 있는 좌표계 K'의 1초는 정지하고 있는 좌표계 K에서는 γ초로 길어진다. 또 역변환 $t'=\gamma(t-\beta x/c)$에서 좌표 K의 원점을 생각하면 K의 1초는 움직이고 있는 K'의 시계로 측정하면 γ초로 길어진다.

이 관계는 고속 입자의 수명 측정 등에서 대단히 중요한 성질이다.

질량을 갖지 않는 입자의 속도

로렌츠 불변성의 관계 〔에너지〕^{2}−〔운동량〕$^2c^2$=〔질량〕$^2c^4$에서 질량이 0인 경우에는 〔에너지〕=〔운동량〕·c가 된다. 또 질량을 갖지 않고 에너지를 갖기 때문에 이들 입자의 속도는 진공 중의 광속도와 같다. 뒤에서 설명하는 중성미자는 질량을 가지고 있지 않다고 생각하기 때문에 빛과 마찬가지로 광속도를 가진다.

Ⅶ. 원자핵의 정체

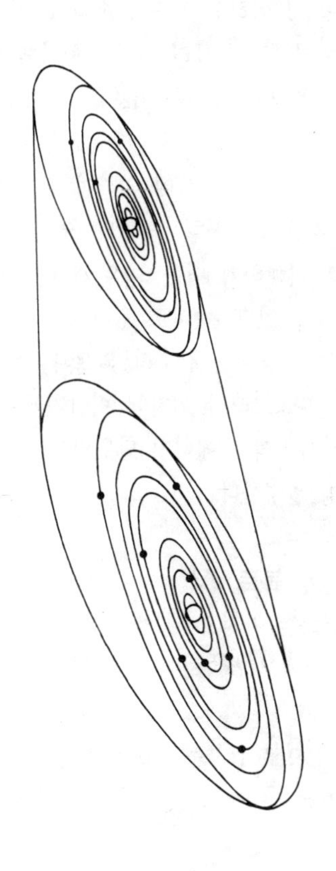

지금까지 원자는 양전하 Ze를 가진 무겁고 작은 원자핵의 주위를 가벼운 $-e$의 전하를 가진 Z개의 전자가 돌고 있는 것으로 설명하였다. 또 원자의 반지름은 약 1억분의 1cm인 것을 기체 분자의 충돌 산란 등에 의하여 실험적으로 결정하였다. 또 보어의 원자 이론에서 시작하는 양자 역학의 발전에 의하여 이론적으로도 이해할 수 있게 되었다.

러더퍼드의 α입자의 산란 실험에서 원자핵의 반지름은 원자 반지름의 약 1만분의 1 이하인 것도 알게 되었다.

원자를 지배하는 기본적인 물리 법칙은 원자핵과 전자 사이에 작용하는 전기력과 플랑크 상수를 기초로 하여 전개된 양자 역학에 의한다고 하겠다.

우리는 아보가드로수(6×10^{23})에 의하여 원자의 미크로 세계와 일상 생활의 감각을 결부시킬 수 있다. 즉 원자 1개에 일어난 현상을 감각적으로 이해하기 쉬운 1g의 물체에서 일어나는 현상으로 바꿔 놓을 수 있다. 반대로 원자에서 일어나는 현상을 기술하는 데는 평소 사용되는 칼로리, 와트와 같은 에너지 단위는 불편한 일이 많다. 그래서 원자핵 이야기에 들어가기 전에 원자 수준에서 잘 사용되는 에너지 단위인 전자 볼트(electron volt : eV)에 대하여 설명한다.

에너지 단위, 전자 볼트 eV

전자는 $-e$의 전하를 가지고 있는데, 이 단위 전하 e를 1V의 전압을 건 전극 사이에서 가속하여 얻어지는 에너지를 1eV라고 정의한다.

$e=1.6\times10^{-19}$C이므로 1eV는 1.6×10^{-19}J, 즉 3.8×10^{-20}cal가 된다. 대단히 작은 양이라고 생각되지만, 예를 들면 1g의 수

소에 포함되는 모든 전자에 1eV의 에너지를 갖게 하는 데 필요한 에너지는

$$[1\text{eV}]\times[\text{아보가드로수}]=(3.8\times10^{-20})\times(6\times10^{23})$$
$$=22{,}800\text{cal}=22.8\text{kcal}$$

가 된다.

V장의 끝에 나온 불확정성 원리에서 〔시간의 불확정함〕×〔에너지의 불확정함〕$\gtrsim\hbar$의 관계가 있었다. 잘 사용되는 관계는 양변에 광속도 c를 곱하여 〔시간의 불확정함〕×〔광속도〕를 위치의 불확정함으로 바꿔 놓는다. 즉 〔위치의 불확정함〕×〔에너지의 불확정함〕$\gtrsim c\hbar$가 된다. 여기서 $c\hbar=2\times10^{-5}\text{eV}\cdot\text{cm}$로 주어진다. 이 관계에서 대상으로 하는 반응이 일어나는 거리에 의하여 관여하는 에너지의 크기가 변하는 것을 알 수 있다. 거리에 반비례하여 에너지가 커진다. 원자핵과 같이 작은 대상물에서는 고에너지가 필요하게 된다.

예를 들면, 원자 구조의 경우는 위치의 불확정함은 10^{-8}cm이므로 에너지의 불확정함은 $2\times10^{-5}\text{eV}\cdot\text{cm}/10^{-8}\text{cm}=2000\text{eV}$가 된다. 그래서 다음과 같이 반응 종류에 따라서 광범위한 단위가 사용된다.

화학 반응	1eV
원자 구조	1000eV=1keV
원자핵 반응	10^6eV=1MeV
소립자 반응	10^9eV=1GeV
소립자의 기원	10^{12}eV=1TeV

아인슈타인의 에너지와 질량의 관계식 〔에너지〕=질량×c^2에

서 입자의 질량을 에너지로 나타낼 수 있다. 정확하게 질량 단위는 에너지를 광속도의 제곱으로 나눈 것인데 혼동되는 일이 없으므로 질량을 에너지로 나타낸다.

전자의 질량　　0.51MeV, 약 50만eV
양성자의 질량　　938MeV, 약 10억eV

빛도 광자라고 부르는 입자류인 것은 V장에서 설명하였는데, 예를 들면 청색빛은 약 2eV의 광자의 흐름이다(예로서 파장이 500nm에서는 $\lambda=5000\times10^{-8}$cm이므로

$$h\nu=h\frac{c}{\lambda}=\frac{2\pi c\hbar}{\lambda}=\frac{6\times2\times10^{-5}\mathrm{eV\cdot cm}}{5000\times10^{-8}\mathrm{cm}}=2.4\mathrm{eV}\text{가 된다}).$$

화학 반응에서는 1개의 반응에서 수eV 정도인 데 대하여 동위 원소의 붕괴 등의 에너지는 100만eV의 수준이다. 따라서 핵반응과 화학 반응을 비교하면, 핵반응에서는 약 100만 배 큰 에너지가 관계한다.

원자핵 이야기로 되돌아가자. 원자핵은 어떻게 되어 있는가.

중성자의 발견

1920년대에 러더퍼드는 α입자를 표적에 조사하여 양성자가 방출되는 것과 원자핵은 양성자 외에 전기적으로 중성인 입자에 의하여 구성되어 있다고 예언하였다. 1032년에 영국의 물리학자 J. 채드윅은 α입자를 베릴륨 표적에 쬐었을 때, 중성의 핵입자, 즉 중성자가 발생하는 것을 실험적으로 해명하였다.

중성자의 질량은 양성자와 거의 같은데 조금 무거운 940 MeV이다. 중성자는 전기적으로 중성이기 때문에 양성자와 같이 원자핵에서 전기적 척력을 받지 않으므로 쉽게 원자핵에 가까이

갈 수 있다. 그 결과, 비교적 작은 에너지의 중성자라도 원자핵 반응을 일으키는 것을 알았다. 자세한 것은 다음 장에서 설명하는데 중성자는 독립된 상태에서는 불안정하고 평균 수명은 약 15분으로 β붕괴를 일으켜 양성자와 전자, 중성미자로 붕괴한다. 그러나 에너지적으로 안정된 원자핵 내에서는 중성자의 붕괴는 일어나지 않는다.

핵자와 전자의 콤프턴 파장

중성자의 발견과 그 때까지의 원자에 대한 실험 결과에서 양성자와 중성자가 원자핵의 구조 요소라고 생각된다. 그럼 전자는 어떤가.

입자의 파동 성질에서 입자는 불확실한 퍼짐을 가지고 있다. 하이젠베르크의 불확정성 원리에서 〔위치의 불확정함〕×〔에너지의 불확정함〕$\gtrsim c\hbar$의 관계가 있다는 것을 Ⅴ장 끝에서 설명하였다. 지금 에너지의 불확정함으로 질량 m의 입자에 대하여 아인슈타인의 에너지 관계식 mc^2를 사용하면 〔위치의 불확정함〕$\gtrsim c\hbar/mc^2=\hbar/mc$가 된다. 이것은 입자가 가지고 있는 불확실한 퍼짐이라 생각되고 입자의 콤프턴 파장이라고 부른다.

전자의 콤프턴 파장은 $\hbar/m_ec=3.9\times10^{-11}$cm이고 이것은 원자핵의 반지름(약 10^{-12}cm)보다는 훨씬 크다. 따라서 전자와 같이 가벼운 입자를 원자핵과 같은 좁은 곳에 가둬 놓을 수는 없다. 이것은 입자의 파동성에서 유도된 하이젠베르크의 불확정성 원리에서의 결론이며 고전 물리학에서는 존재하지 않던 새로운 개념이다.

이상에서 원자핵을 만들고 있는 입자의 총칭으로서 양성자와 중성자를 핵자라고 부른다. 원자 번호 Z, 질량수 A의 원자핵은

Z개의 양성자와 $A-Z=N$개의 중성자로 구성되고 핵자수는 A개이다.

원자핵의 크기

러더퍼드의 α입자의 산란 실험에서 원자핵의 반지름은 3000억분의 1cm 이하라는 것을 설명하였는데, 그 구조를 연구하기 위해서는 높은 에너지를 가진 입자를 사용할 필요가 있었다.

그후 입자 가속기를 사용한 고에너지 전자의 산란이나 양성자, 중성자의 산란 실험에 의하여 원자핵 반지름 R은 질량수 A인 핵에서 $R=r_0A^{1/3}$이라고 표시되는 것을 알게 되었다($r_0 \approx 1.4 \times 10^{-13}$cm). 따라서 원자핵의 부피는 반지름의 3제곱에 비례하므로 핵자수 A에 비례한다. 이것으로 핵 내의 핵자 밀도는 거의 일정하며, 아래에서 설명하는 핵력의 작용 영역이 10^{-13}cm, 즉 10조분의 1cm 정도인 것을 알게 된다. 중력이나 전자기력이 거리의 제곱에 반비례한 힘으로 원거리라도 작용하는 것에 주의해야 한다.

핵력과 유카와 이론

원자핵이 양성자와 중성자의 집합체라면 큰 의문이 생긴다. 무엇이 핵자를 결합하고 있는가. 중성자는 전하를 가지고 있지 않으므로 전기력일 수는 없다. 또 그 힘은 양성자 사이에서 작용하는 전기적 척력에 지지 않고 좁은 핵 내에 몇 개의 양성자를 가두고 있으므로 전기력보다 강한 힘일 필요가 있다.

1934년에 유카와(湯川)는 전자기력이 광자에 의하여 매개되고 있는 것과 마찬가지로 이 핵자를 결합하는 새로운 힘이 중간자에 의해서 매개되어 있다고 제안하였다. 이것이 유명한 유카

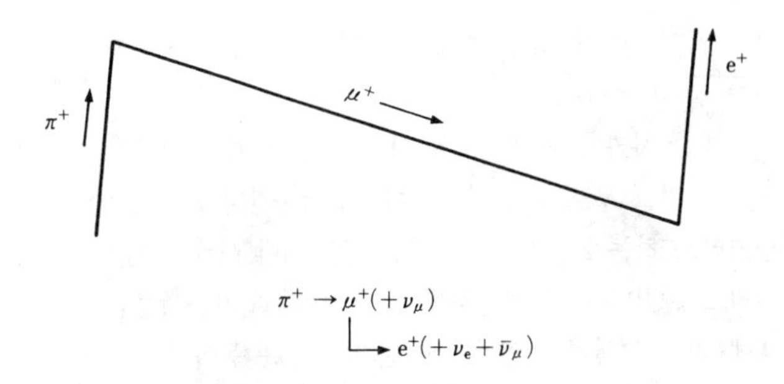

$$\pi^+ \rightarrow \mu^+(+\nu_\mu)$$
$$\hookrightarrow e^+(+\nu_e+\bar{\nu}_\mu)$$

그림 7-1 우주선에 의하여 건판에 만들어진 π^+붕괴 비적의 전형적인 예

와 중간자론이다. 상대성 이론에 의하면 힘의 작용은 광속도보다 빨리 전파할 수 없으므로 힘의 근접 작용설을 취하지 않을 수 없다. 전자기학에서는 전기장과 자기장을 도입한다. 하전 입자간의 상호 작용에서는 전자기장의 진동 에너지를 광자가 운반한다. 즉 광자의 교환에 의하여 상호 작용을 한다. 이것과 마찬가지로 핵력에서는 핵자 사이에서 중간자가 교환되면서 일어난다고 가정하였다. 이 중간자의 질량은 콤프턴 파장 $\hbar/mc$가 핵력의 작용 거리, 즉 10조분의 1cm라고 추정되고 $\hbar/mc \sim 10^{-13}$ cm에서 중간자의 질량 m은 약 2억eV, 즉 양성자의 약 5분의 1, 전자의 약 400배라고 추정되었다.

1936년에 미국의 C. 앤더슨과 S. 네더마이어는 안개 상자 사진의 우주선 2차 입자 중에 질량이 약 1억eV인 입자를 발견하여 중간자라고 이름붙였다. 그러나 연구가 진척됨에 따라 이 입자는 대기의 상층에서 주로 양성자로 이루어지는 1차 우주선과 공기와의 반응으로 다수 만들어지는데 대기 물질과 그다지 반응하지 않고 그대로 지나버린다는 것을 알게 되었다. 따라서 핵자에 의하여 강하게 흡수, 방출되는 핵력을 담당하는 입자가 아니라는 결론이 내려졌다.

그래서 사카타(坂田) 들은 이 입자는 유카와 이론이 예언한 π중간자라고 부르는 중간자가 아니고 π중간자가 붕괴하여 생긴 입자라고 하는 2중간자론을 제안하였다. 이 새로운 입자를 μ입자라고 불렀다. 뒤에 설명하는 것과 같이 μ입자는 π중간자의 붕괴에 의하여 생기는 입자인데 전자와 같은 동아리이고, 더욱이 질량이 무거운 입자로 중간자가 아니라는 것을 알게 되었다.

결국, π중간자는 1947년에 영국인 C. 파우엘 들에 의하여 우주선으로 조사된 사진 건판의 비적 속에서 발견되었다(그림 7-1).

그리고 1948년에는 미국의 캘리포니아 대학의 4억eV의 싱크로사이클로트론으로 π중간자가 인공적으로 만들어지게 되어 연구가 급속히 진전되었다.

π중간자의 발견에 의하여 핵자간에 작용하는 힘을 설명하기 위하여 제안된 유카와 이론의 정당성이 확인되었다.

Ⅷ. 쿼크 이전의 소립자 물리

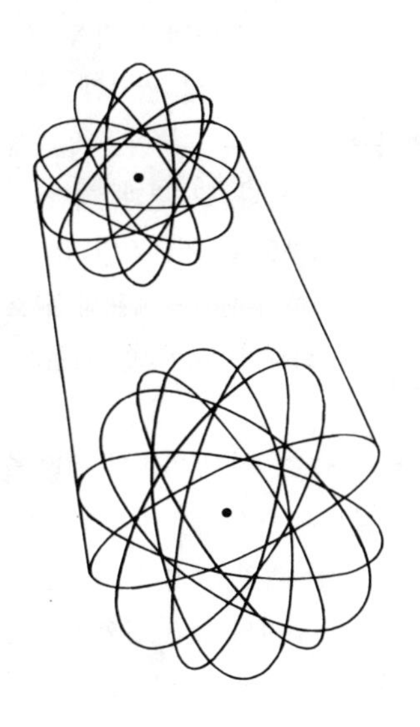

'소립자'의 변천

소립자 물리는 물체의 기본 구성 입자인 소립자의 성질과 소립자 사이에서 작용하는 기본적 상호작용의 연구를 주제로 하는 물리이다. 이제까지의 설명으로 밝혀진 것처럼 소립자의 정의, 즉 무엇이 소립자인가 하는 정의는 학문의 진보에 의하여 변화한다.

고대 그리스의 원자는 바로 소립자를 의미하였다고 생각되며, 금세기초에는 양성자와 같은 원자핵과 전자가 소립자라고 생각하였다. 이윽고, 원자핵이 양성자와 중성자의 핵자로 구성되어 있다는 것을 알게 되고, 다시 핵자를 결합하고 있는 중간자를 더하여 1940년대의 소립자는 양성자, 중성자, π중간자 및 전자가 주된 것으로 그 밖에 우연히 발견된 μ입자나 β붕괴에 있어서 에너지의 보존 법칙에서 가정된 중성미자가 있었다.

그후, 우주선의 실험이나 고에너지 가속기의 개발에 의하여 수많은 핵자나 π중간자와 동종의 입자가 발견되었다. 1960년 후반까지 입자의 분류 등에 의하여 이들 입자를 지배하는 기본적 법칙의 이해가 진척되었다. 그 결과, 핵자와 같이 그 때까지 소립자라고 생각되던 입자도 더 기본적인 입자의 복합체일 가능성이 높아갔다. 이것은 마치 멘델레예프의 원소 주기율표가 금세기초의 양자 역학에 의하여 물리적인 기초가 부여된 것과 유사하다.

1969년에 미국 스탠퍼드 선형 가속기 센터 슬랙에서 J. 프리드먼 들에 의하여 실시된 수소 표적에 의한 고에너지 전자의 산란 실험은 한층 더 기본적인 구성 입자 연구의 막을 열었다. 1911년에 러더퍼드가 α입자의 산란 실험에서 원자의 중심에 있는 원자핵의 베일을 푼 것처럼 프리드먼 들은 양성자가 내부 구

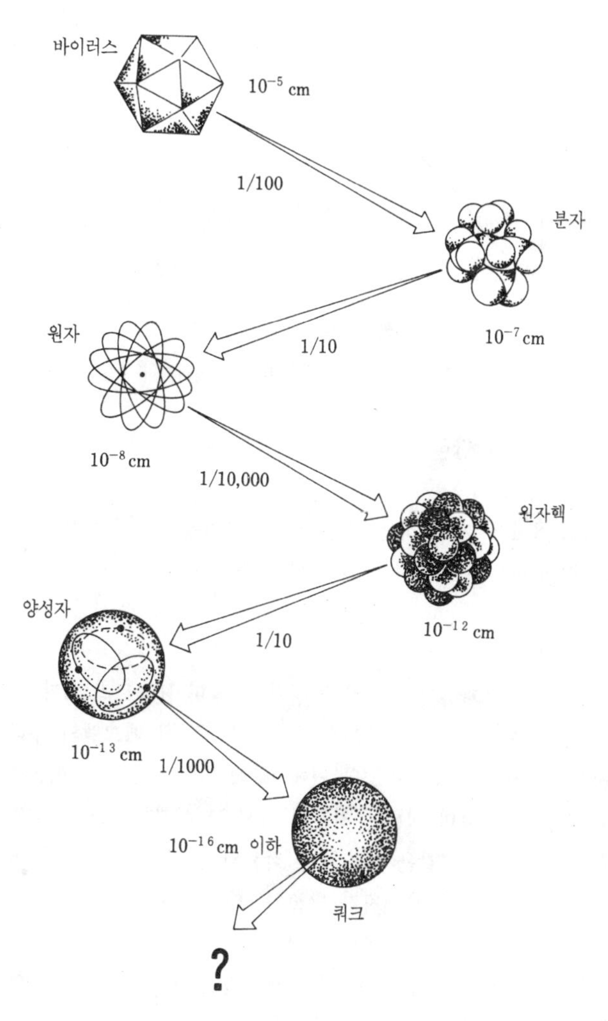

그림 8-1 바이러스에서 쿼크까지 크기의 스케일(SSC 팜플렛, 1987년 판에 의거함)

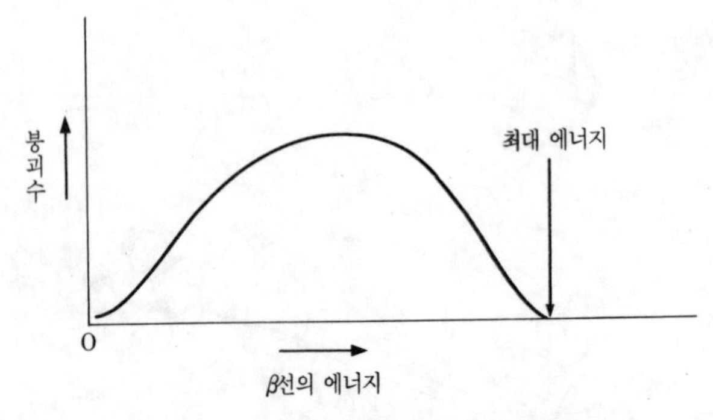

그림 8-2 β붕괴에서의 β선(전자)의 에너지 분포

조를 가지며 대단히 작은 입자, 즉 쿼크 등으로 구성되어 있는 것을 보였다.

그림 8-1에 가장 작은 생물인 바이러스에서 쿼크까지 크기 스케일이 어떻게 변화하고 있는가를 보인다.

β붕괴

중성자가 붕괴하여 양성자와 전자, 중성미자(뉴트리노)가 되는 β붕괴 연구의 역사는 오래되었다. 1896년에 베크렐의 우라늄의 발견에서 시작하여 1934년에 E. 페르미는 β붕괴의 이론을 제안하였다. 페르미 이론은 최근에 와서 그 상세한 기구가 해명되기까지 β붕괴와 같은 약한 상호 작용의 기본적인 이론이었다.

β붕괴에서 β선, 즉 전자가 방출되는데, 이 전자의 에너지 해석을 하면 그림 8-2와 같이 연속적인 분포를 한다. 붕괴 전후의 원자핵 에너지와 전자 에너지를 비교하면 전자의 최대 에너지에 대해서만 에너지의 보존 법칙이 성립된다. 그 이외의 전자에 대해서는 에너지의 보존 법칙이 성립하지 않는다. 무엇이 에너지

를 가져가는가. 이 현상을 설명하기 위하여 여러 가지 가설이 제안되었는데, 1931년에 W. 파울리는 β붕괴에서 전자와 더불어 뭔가 관측되지 않는, 전하를 갖지 않는 가벼운 입자가 방출되어 에너지를 가져간다고 생각하여 중성미자라고 이름붙였다. 이것에 의하면 β붕괴는 원자핵 내의 중성자가 다음 반응을 한다. 즉

〔핵 내 중성자〕→〔핵 내 양성자〕+〔전자〕+〔중성미자〕

이 가정이 올바르다는 것은 그 후의 수많은 실험이나 이론적 연구에 의하여 증명되었다.

핵분열 반응 등에서 자유로운 상태의 중성자가 만들어지는데, 앞 장에서 설명한 것과 같이 이들 중성자는 평균 수명 15분으로 다음과 같이 붕괴한다. 즉

〔중성자〕→〔양성자〕+〔전자〕+〔중성미자〕

이상의 붕괴 과정 외에 양전하를 가진 양전자(전자의 반입자)를 방출하는 다음 반응이 있다. 즉

〔핵 내 양성자〕→〔핵 내 중성자〕+〔양전자〕+〔중성미자〕

수소 원자와 같이 자유로운 양성자는 에너지 보존 법칙 때문에 이 반응으로 붕괴하지 않는다. 동위 원소 중에서 이 반응에 의해서 보다 안정한 원자핵으로 변하는 경우에만 이 양전자를 방출하는 붕괴가 일어난다. 이 붕괴 과정을 β^+붕괴라고 한다.

중성미자의 검증

β붕괴에 의하여 생기는 중성미자의 직접적인 검증은 그 반응 확률이 작기 때문에 대단히 곤란하였다. 그러나 1959년에 미국의 F. 라이너스와 C. 코완은 원자로의 핵분열 생성물의 β붕괴에서 생기는 중성미자를 사용하여 중성미자에 의한 반응의 검증에

성공하였다.

핵 내 양성자의 β붕괴 반응식에서 화학 반응의 경우와 같이 중성미자를 좌변으로 옮기면

〔중성미자〕+〔핵 내 양성자〕→〔핵 내 중성자〕+〔양전자〕

가 되어 중성미자에 의한 반응이 된다(소립자 반응에서는 입자의 이항은 입자를 반입자로, 반입자를 입자로 바꾸지 않으면 안되는 법칙이 있는데 여기서는 그것을 무시하고 있다). 양전자를 검출하는 것에 의하여 이 반응을 실험적으로 측정하였다. 이 반응의 확률은 보통의 소립자 반응에 비해서 1조분의 1의 다시 100만분의 1 이하로 작고 대단히 어려운 실험이었다.

π중간자의 붕괴와 μ입자형 중성미자

핵력을 매개하는 π중간자는 붕괴하여 μ입자를 발생하는데, 이 반응은 동시에 중성미자를 수반한다. 즉

〔π중간자〕→〔μ입자〕+〔중성미자〕

1962년 미국 브룩헤이븐 국립 연구소, BNL(이하 브룩헤이븐이라고 부른다)에서 M. 슈바르츠 들에 의하여 150억eV의 양성자를 표적에 조사하여 π중간자를 만들어 그 붕괴에 의하여 생기는 중성미자 빔을 만들어 실험이 실시되었다. 그 결과 50개의 μ입자를 반응 생성 입자에 포함하는 이벤트를 검출하였는데, 전자를 포함하는 이벤트는 1개도 검출되지 않았다(Ⅳ장에서 설명하였는데, 이벤트란 반응이 일어난 사상 예를 말한다). 이것은 이 실험에서 사용된 중성미자 빔은 원자핵이나 중성자 붕괴에서 생기는 중성미자와는 다른 종류의 중성미자인 것을 의미한다.

이 결과를 정리하면 중성미자에는 전자형과 μ입자형의 2종류가 있다. 전자형 중성미자는 언제나 전자(또는 양전자)와 함께

표 8-3 상호 작용의 작용 거리와 세기

작용	작용거리	세기
강	근	1
전자기	원	약 100분의 1 ($\times 10^{-2}$)
약	근	약 10만분의 1 ($\times 10^{-5}$)
중력	원	약 1조분의 1의 1조분의 1의 1조분의 1의 100분의 1 ($\times 10^{-38}$)

생성되고, μ입자형 중성미자는 반드시 μ입자와 함께 생성된다.

이상과 같이 2종류의 중성미자가 검출되었는데, 그 질량은 실험 오차의 범위에서 0과 일치한다. 따라서 중성미자는 진공이나 물체 내에서도 진공 중의 광속도와 같은 속도로 쉬지 않고 영원히 날아간다(가시광은 물질에서 굴절률분의 1로 감속된다).

물체 사이에서 작용하는 상호 작용

2개의 입자 사이에서 작용하는 상호 작용을 핵력이 작용하는 거리인 10조분의 1cm의 거리로 비교하면 강한 상호 작용의 세기를 단위로 하여 표 8-3과 같이 된다. 작용 거리의 '원(遠)'은 거리의 제곱에 반비례한 힘을 의미하며, '근(近)'은 근거리력을 의미한다.

지금까지 이 4개의 상호 작용만이 알려졌다. 소립자 물리의 문제에서 중력은 대단히 작기 때문에 보통 고려하지 않는다.

소립자의 분류

지금까지 설명한 것을 정리하면 소립자는 강한 상호 작용을 하는 강입자(hadron)와 약한 상호 작용을 하는 경입자(lepton)로 크게 나눌 수 있다. 또 강입자는 핵자와 같은 중입자(baryon)와 π중간자와 같은 중간자로 분류된다. 전자기 상호 작용은 하전 입자 사이에서만 작용한다. 이들 소립자를 분류하면 다음과 같이 된다.

강입자
중입자=양성자, 중성자
중간자=π중간자
경입자=전자, 전자형 중성미자, μ입자, μ형 중성미자

소립자의 반응에서는 에너지, 운동량, 전하가 보존되는 외에 중입자수(양성자나 중성자의 중입자수는 1)와 경입자수도 보존된다. 또 경입자수의 경우, 전자형과 μ입자형이 독립적으로 보존된다. 반입자의 경입자수와 중입자수는 -1이 된다. 예를 들면, 전자의 반입자인 양전자는 전자형 경입자수 -1을 가진다. 또 중성자의 β붕괴로 태어나는 중성미자는 정확하게는 전자형 중성미자의 반입자로 전자형 경입자수 -1을 가진다. 따라서, β붕괴의 전후에서 경입자수(전자수)의 합은 0이 되어 보존 법칙을 만족한다. 반대로 β^+붕괴에서 태어나는 중성미자는 전자형 중성미자이며 반입자가 아니다.

전자기 상호 작용을 매개하는 광자는 어디에도 속하지 않는 작용 입자이다. π중간자도 작용 입자이지만 강입자로 취급한다.

이 밖에 양전자와 같은 반입자도 나오는데 그 설명은 다음 절에서 한다.

디랙 방정식과 반입자

영국의 물리학자 P. A. 디랙은 슈뢰딩거 방정식을 상대론적 파동 방정식으로 확장하여 1928년에 디랙 방정식을 유도하였

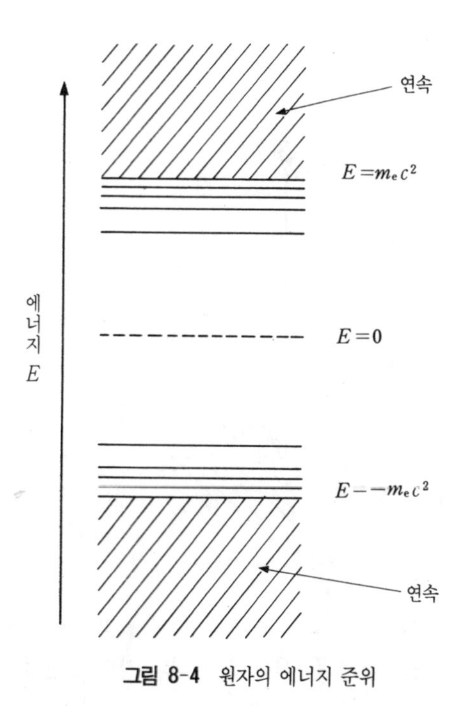

그림 8-4 원자의 에너지 준위

다. 이 방정식의 해인 파동 함수는 4개의 성분을 가지고 에너지 상태가 양과 음으로 대응하고 각각 2성분을 가진다. 이 2성분은 스핀 상태(입자의 고유 각운동량)가 $\pm\frac{1}{2}\hbar$에 대응하고 있으며, 디랙 방정식의 전자와 같은 스핀 $\frac{1}{2}\hbar$를 가진 입자를 기술하는 방정식이라는 것이 제시되었다. 여기에서 스핀은 플랑크 상수를 2π로 나눈 $\hbar$를 단위로 하고 있는데 보통 $\hbar$를 생략하여 반정수($\frac{1}{2}$, $1\frac{1}{2}$, $2\frac{1}{2}$,……)나 정수(1, 2, 3,……)로 표시하므로 여기서부터는 그에 따른다.

디랙 방정식의 음에너지의 해에 대응하는 에너지 상태는 그림

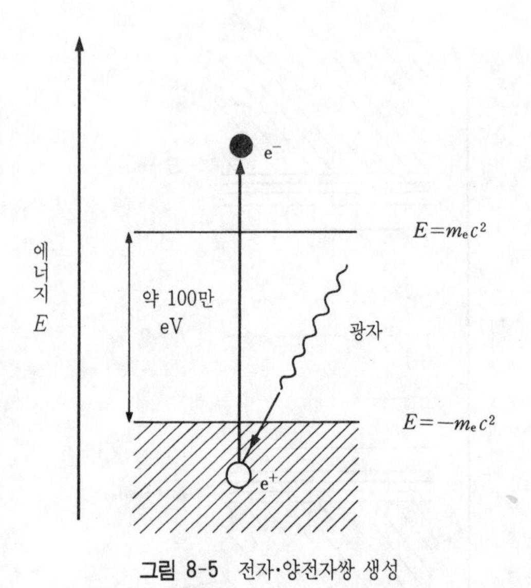

그림 8-5 전자·양전자쌍 생성

8-4에 보인 것과 같이 에너지의 바닥 상태가 하한을 가지지 않으므로, 높은 에너지 상태에서 낮은 에너지 상태로 한없이 빛을 방출하여 천이할 수 있을 것이라는 모순이 생겼다. 그래서 디랙은 모든 음에너지 상태가 전자에 의하여 점유되어 있으므로 음에너지 상태로의 천이는 금지된다고 해석하였다. 즉 입자가 존재하지 않는 진공 상태는 음에너지 상태가 모두 전자에 의하여 완전히 점유된 상태이다.

그래서 음에너지 상태의 전자를 양에너지 상태에까지 들뜨는 에너지를 주면 천이가 일어나고 음에너지의 전자의 바다에 양공이 뚫리게 된다(그림 8-5). 이 양공은 양에너지를 가진 전자의 반입자로서 행동한다. 이것이 디랙의 양공 이론이다.

전자의 반입자인 양전자는 전자와 같은 질량을 가진 양전하

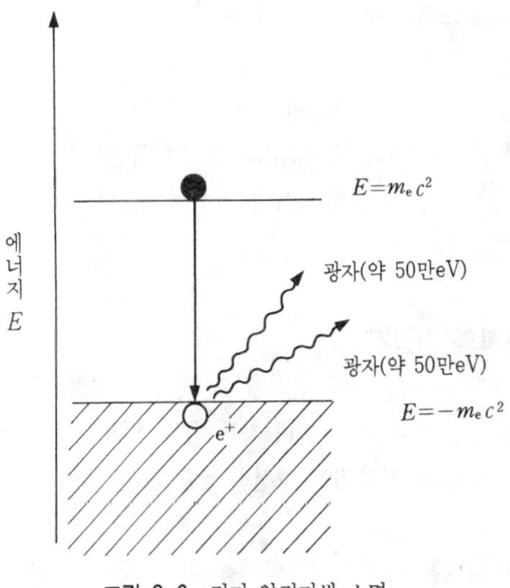

그림 8-6 전자·양전자쌍 소멸

다. 전자 질량의 2배, 즉 약 100만eV 이상의 에너지를 가진 광자가 물질에 입사하면 양공, 즉 양전자와 전자의 쌍을 생성할 수 있다. 또 거꾸로 양전자가 전자와 충돌하여 소멸하고 약 50만eV의 2개의 광자를 반대 방향으로 생성한다. 이 현상을 쌍소멸이라고 한다. 왜 2개의 광자가 되는가는 운동량과 에너지의 보존 법칙에 의해서 결정된다(그림 8-6).

보통 쌍소멸은 양전자가 이온화 작용 등에 의하여 운동 에너지를 잃고 감속되어 운동량이 0에 가까운 상태에서 일어나는 일이 많으므로 2개의 광자로 운동량의 합이 0이 되도록 반대 방향으로 에너지가 같은 광자쌍이 생긴다. 쌍생성은 반드시 물체 내의 원자핵 가까이에서만 일어나고 원자핵이 운동량의 보존을 만족하는 역할을 한다.

양전자는 1932년에 미국에서 앤더슨이 발견하였다. 이 결과, 디랙 방정식의 타당성이 증명되었다.

1954년에 미국 캘리포니아 대학의 양성자 가속기 베바트론을 사용하여 E. 세그레와 O. 체임벌린은 양성자의 반입자인 반양성자를 발견하였다. 디랙 방정식에 의하여 예언된 스핀 $\frac{1}{2}$을 가진 입자의 반입자의 존재가 실험적으로 확증되었다.

π중간자와 반입자

π중간자는 $\pm e$와 0의 전하를 가진 3개의 입자로 구성된다. 양전하를 가진 π중간자의 반입자는 음전하를 가진 π중간자로서 그 역이 된다. 또 전하 0인 중성의 π중간자의 반입자는 그 자신이다.

디랙 방정식은 스핀 $\frac{1}{2}$의 입자를 기술하는데 스핀 0의 π중간자는 기술하지 못한다.

페르미온과 보손

전자와 같이 스핀 $\frac{1}{2}$(일반적으로는 반정수)을 가진 입자를 페르미온이라고 부르고, π중간자와 같이 스핀 0(일반적으로는 정수)인 입자를 보손이라고 한다. 이들 이름은 물리학자 E. 페르미와 J. 보즈에서 유래한다.

중입자와 경입자는 모두 페르미온이며 중간자는 보손이다. 페르미온과 보손은 다른 통계 법칙에 따른다. 예를 들면, 페르미온은 1개의 양자 상태를 같은 종류의 페르미온이 1개만 차지하는 것이 허용된다. 이것은 유명한 파울리의 배타 법칙이며 디랙의 양공 이론의 기초가 되었다.

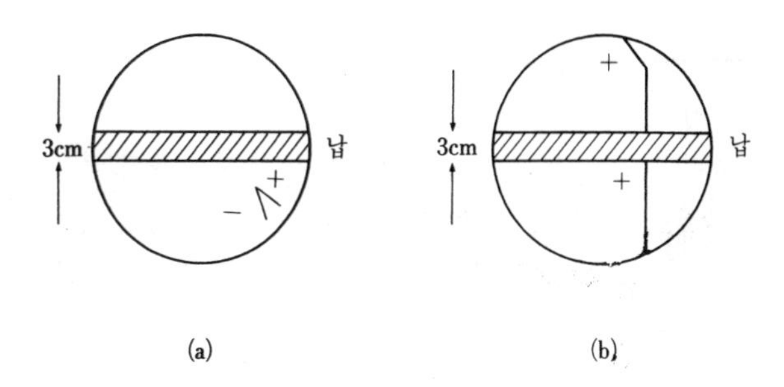

그림 8-7 기묘한 입자의 발견. 1947년에 로체스터와 바틀러에 의하여 처음으로 발견된 입자.

제3의 입자, 기묘한 입자의 발견

1947년 영국의 로체스터와 바틀러는 자기장 속에 놓은 안개 상자 사진 중에 그 때까지 예상하지 못했던 새로운 소립자의 비적을 발견하였다. 그림 8-7에 보인 것처럼 중성 입자가 음양 1쌍의 입자로 붕괴하는 것과 하전 입자가 붕괴하여 같은 전하를 가진 입자와 중성 입자가 된다. 해석 결과, 이들 입자의 질량은 전자 질량의 약 1000배, 즉 5억eV인 것을 알게 되었다.

그후, 1952년에 브룩헤이븐에서 완성된 40억eV의 양성자 가속기에 의하여 새 입자가 인공적으로 만들어지게 되어 연구가 급속히 진척되었다.

이들 입자의 특징은 붕괴 수명이 비교적 길어 약 100억분의 1초인 것과 고에너지 반응으로 수많이 생성되는 것이었다. 또 반응에서는 항상 2개의 새 입자가 쌍이 되어 생성된다. 생성 확률에서 판단하여 강한 상호 작용에 의하여 만들어지므로 강입자라고 생각된다. 강입자인 경우, 보통 붕괴 수명은 대단히 짧아 1조분의 1초의 다시 100억분의 1 정도이다. 따라서 이 새로운 입자는 강입자이지만 붕괴는 약한 상호 작용에 의한다고 추찰되었다. 이들 새 입자를 기묘한 입자라고 부른다.

니시지마(西島), M. 겔만 들에 의하여 새 입자 현상의 분석이 진행되어 1953년에 이 소립자는 전하와 중입자수 외에 새로운 양자수를 가지고 있고 이 양자수가 소립자 반응 전후에서 보존된다는 이론이 제안되었다. 이 새로운 양자수를 '스트레인지니스'(기묘도, strangeness)라고 부르고 기호 s를 사용한다. 표 8-8에 기묘한 입자를 정리하였다.

예로서 잘 일어나는 반응 $\pi^- + p \rightarrow K^\circ + \Lambda^\circ$에서는 π^-, p는 s가 0이므로 충돌 전에는 s의 합이 0인데, 충돌 후 K°의 s는 $+1$, Λ°의 s는 -1이므로 역시 s의 합은 0이 되어 반응 전후에서 스트레인지니스는 보존된다. 붕괴 과정은 스트레인지니스를 보존하지 않는 약한 상호 작용이다. 예로서 $\Lambda^\circ \rightarrow p + \pi^-$인 경우, 붕괴전의 Λ°의 s는 -1인데 붕괴 후는 s의 합이 0으로 변화한다.

고에너지 가속기에 의한 소립자 실험

계통적인 가속기의 설명은 뒷장에서 하지만, 1960년대까지의 소립자 물리 실험에서 활약한 가속기의 예를 소개한다.

미국의 로렌스 들에 의하여 발명된 공명형 양성자 가속기 사이클로트론은 양성자의 에너지가 수천만eV에 가까워지면 상대론적 효과로 양성자의 질량이 커지기 때문에 공명 조건을 만족하지 않게 되어 가속이 어렵게 된다. 이 문제를 피하기 위하여 가속 전극에 거는 고주파 고전압의 주파수를 변조하는 방법이 사용되었다. 1946년에 미국 캘리포니아에서 3억 5000만eV의 싱크로사이클로트론이 완성되었다. 이 가속기에서 1948년 처음

표 8-8 기묘한(스트레인지) 입자

입자족	기호	질량(MeV/c^2)	평균 수명 (10^{-10}초)	스트레인지니스
중간자	$K^{\pm}$	493.7	124	±1
(스핀 0)	K^0	497.7	0.89*	1
	$\bar{K}^0$	497.7	518	−1
중입자	Λ°	1115.6	2.63	−1
(스핀 $\frac{1}{2}$)	Σ^+	1189.4	0.80	−1
	Σ^0	1192.5	7.4×10^{-10}**	−1
	Σ^-	1197.3	1.48	−1
	Ξ^0	1314.9	2.9	−2
	Ξ^-	1321.3	1.64	−2

*K°과 $\bar{K}^\circ$는 조합된 상태에 2개의 다른 수명으로 붕괴한다.
**$\Sigma^\circ\rightarrow\Lambda^\circ+\gamma$의 붕괴가 일어나 스트레인지니스가 불변인 전자기 상호 작용에 의해서 수명이 짧다.

으로 인공적으로 π중간자의 생성에 성공하였다.

1950년대에 들어와서 일정한 반지름을 가진 진공 도넛 중에서 입자를 원운동시키는 싱크로트론이 나타났다. 싱크로사이클로트론과 큰 차이점은 싱크로트론에서는 입사 장치로 어느 정도의 에너지까지 가속한 입자 빔을 싱크로트론에 입사시킨다. 이에 반하여 사이클로트론이나 싱크로사이클로트론에서는 입자는 중심에서 조금씩 가속되어 나선 모양으로 점차 큰 원궤도를 회전한다. 싱크로트론은 양성자나 전자의 가속에 널리 사용되었다.

1952년에 강수렴(強收斂, 146쪽)의 원리가 발견되었는데, 그 이전에 건설되거나 그 후에도 강수렴을 채용하지 않던 싱크로트론은 약수렴 방식을 사용하고 있다. 주된 약수렴 양성자 싱크로트론으로서 1952년에 완성된 브룩헤이븐의 30억eV의 코스모

표 8-9 1970년 이전에 건설된 고에너지 양성자 가속기의 예

싱크로사이클로트론		
1946	버클리 로렌스 연구소, LBL	350MeV
약수렴형 양성자 싱크로트론		
1952	브룩헤이븐, 코스모트론	3GeV
1957	LBL, 베바트론	6.4GeV
1962	ANL, ZGS	12GeV
강수렴형 양성자 싱크로트론		
1959	세른, PS	28GeV
1960	브룩헤이븐, AGS	32GeV

트론, 1957년에 캘리포니아 주 버클리에서 완성된 64억eV의 베바트론, 1962년에 완성된 미국 아르곤느(Argonne) 국립 연구소 ANL의 120억eV의 ZGS가 있다. 이들 초기의 양성자 가속기는 스트레인지니스를 가진 입자의 발견과 연구에 공헌하였다.

E. 쿠란 들에 의하여 강수렴의 원리가 발견되어 가속기에 응용되었다. 1960년경에 완성된 스위스에 있는 유럽 합동 원자핵 연구 기관 세른의 280억eV의 PS나 브룩헤이븐의 320억eV의 AGS는 선구적 역할을 다하는 강수렴형 양성자 싱크로트론이다.

이들 가속기의 활약에 의하여 수많은 소립자가 발견되어 소립자가 가지고 있는 여러 가지 특성이 해명되었다. 1970년대는 수천억eV의 대형 양성자 싱크로트론이 건설됨과 더불어 새로운 타입의 충돌형 가속기에 의한 연구가 시작되었다.

표 8-9에 1960년대까지의 양성자 싱크로트론을 정리하였다.

IX. 쿼크

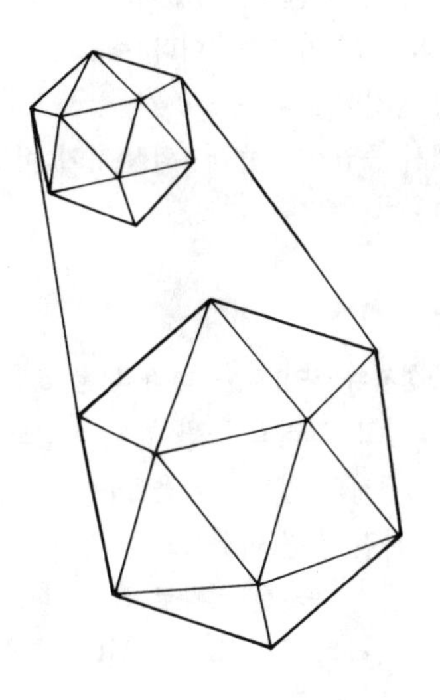

1960년대까지 수백에 이르는 중입자나 중간자가 발견되어 이들 입자가 정말 소립자인가 하는 의문이 당연히 생겼다. 이들 입자는 더 기본적인 소립자로 구성되어 있는 것은 아닌가. 이 문제를 해결하기 위하여 많은 이론적 모형이 제안되고 검증되었다.

쿼크 모형

이 의문에 답한 것이 1964년에 M. 겔만과 G. 츠바이크가 독립적으로 제안한 쿼크 모형이다. 이 모형에서는 $\frac{1}{3}$의 중입자를 가지고 전하 $+\frac{2}{3}e$ 또는 $-\frac{1}{3}e$를 가진다. 또한 업(u), 다운(d), 스트레인지(s)의 3종류가 있고, 업 쿼크는 $\frac{2}{3}e$, 다운 쿼크와 트레인지 쿼크는 $-\frac{1}{3}e$의 전하를 갖는다. 중입자는 3개의 쿼크로 구성되고 중간자는 1개의 쿼크와 1개의 반쿼크로 구성되어 있다. 표 9-1에 이 관계를 정리하였다. 반쿼크는 중입자수가 $-\frac{1}{3}$이므로 중간자의 중입자수는 0이다. 쿼크는 스핀 $\frac{1}{2}$의 페르미 입자로 디랙의 방정식에 따른다.

이 쿼크 모형에서 중입자나 중간자의 분류가 비교적 용이하게 이루어지게 되었다.

소립자의 분류

입자 중에서 중성자와 양성자, 전하가 다른 3개의 π중간자와 같이 질량이 거의 같고, 그리고 스핀 등의 성질도 같고 전하가 e씩 다른 2개 또는 3개의 입자가 짝을 이루고 있는 것이 있다. 이들 동족 입자를 하전 스핀(이소 스핀) 다중항이라고 부르며, 전자기장이 없는 경우는 동일한 입자로 간주한다. 예를 들면, 양성자와 중성자는 핵자라는 동일 입자가 된다. 이것은 강한 상호

표 9-1 쿼크 모형

중입자, 바리온		qqq (3쿼크)		
양성자	p	uud		
중성자	u	udd		
람다 입자	Λ^0	uds		
중간자, 메손		$q\bar{q}$ (쿼크·반쿼크쌍)		
파이 중간자,	π^-	$d\bar{u}$		
케이 중간자,	K^0	$d\bar{s}$		
반응 예	π^-	+p →	K^0	$+\Lambda$
쿼크 표시	$d\bar{u}$	uud	$d\bar{s}$	uds
스트레인지니스	0	0	+1	−1

작용에 관해서는 양성자와 중성자는 축퇴하여 동일하게 보이고 대칭성을 갖는다고 말할 수 있다. 이 대칭성은 전자기장의 도입에 의하여 깨지고 양전하의 양성자와 중성의 중성자는 완전히 다른 입자로 식별할 수 있다. 양성자와 중성자는 하전 스핀 $\frac{1}{2}$의 다중항에 속하고 양성자는 $+\frac{1}{2}$, 중성자는 $-\frac{1}{2}$의 하전 스핀의 고유 상태에 있다고 생각한다.

중입자수와 스트레인지니스의 합은 초전하($Y=B+S$)라고 부르며, 1개의 하전 다중항에 속하는 입자의 전하 사이에는 다음 관계가 성립된다. 즉

〔전하〕=〔하전 스핀 고유 상태〕+〔초전하〕÷2

예를 들면, 양성자의 경우 초전하는 1, 하전 스핀 고유 상태는 $+\frac{1}{2}$이므로 우변의 합이 +1이 되어 양성자와 전하가 일치한다. 이소 스핀이라는 이름은 수학적인 취급이 각운동량의 스핀의 경우와 아주 동일하다는 것에서 유래한다.

강입자의 8중항과 10중항

스트레인지니스를 가진 K 중간자(K^+, K^0)나 Σ 중입자(Σ^-, Σ^0, Σ^+)도 하전 스핀 다중항을 이루고 있다. 스트레인지니스 입자에 대칭성을 받아들여 다중항을 확대할 수 있다. 지금까지 발견된 소립자 중에서 질량이 가장 가벼운 중간자 다중항과 중입자 다중항을 그림 9-2, 9-3에 보인다. 가로축은 하전 스핀의 고유 상태(I_3), 세로축은 초전하(Y)로 구성되고 있다. 이들 다중항은 8개의 입자를 기본으로 하고 있다. 1961년에 미국의 겔만과 이스라엘의 Y. 니만에 의해 제창된 이론에 의거하여 8도설이라고 부른다.

중입자(baryon)는 3개의 쿼크로 이루어지므로 8중항 외에 10중항도 존재하는 것이 이론으로부터 예언된다. 그림 9-4에 중입자의 10중항을 보인다. 이론이 나온 당초는 3개의 스트레인지니스 쿼크로 이루어진 오메가 마이너스 입자 Ω^-는 아직 발견되지 않았다.

질량 공식과 오메가 마이너스의 발견

하나의 다중항에 속하는 입자의 질량은 서로 근접해 있지만 같지 않다. 이것은 다중항을 도출하기 위해서 가정한 대칭성이 깨지는 데서 생긴다. 그러나 8도설의 이론에서 입자의 질량간의 관계를 유도할 수 있다. 그 관계는 질량 공식이라 부르며 겔만과 오쿠보(大久保)의 질량 공식에 의하여 Ω^-의 질량은 1683 MeV로 양성자 질량의 약 1.8배로 예상되었다.

1964년에 브룩헤이븐의 AGS로 N. 사이오스 들은 수소 기포상자 실험에 의하여 Ω^-를 발견하였다. 측정된 질량은 약 1686 MeV로 예상값과 일치하였다. 이것은 8도설의 타당성을 증명한

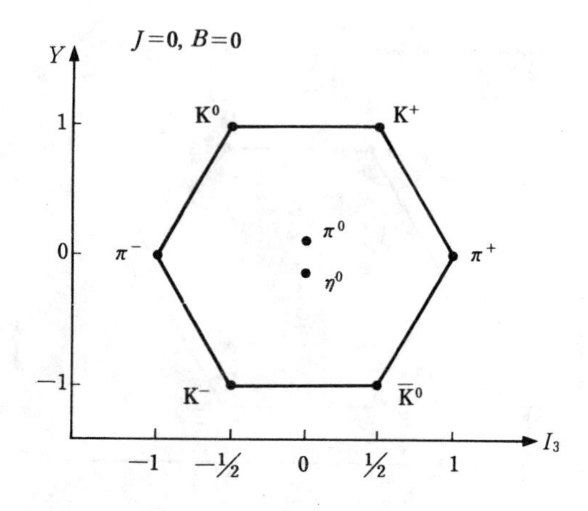

입자	질량(MeV/c^2)	쿼크	Y	I_3
K^+	494	$u\bar{s}$	1	½
K^0	497	$d\bar{s}$	1	−½
π^+	140	$u\bar{d}$	0	1
π^0	135	$u\bar{u}+d\bar{d}$	0	0
π^-	140	$d\bar{u}$	0	−1
η^0	549	$u\bar{u}+d\bar{d}$	0	0
$\bar{K}^0$	497	$s\bar{d}$	−1	½
K^-	494	$s\bar{u}$	−1	−½

그림 9-2 중간자 8중항

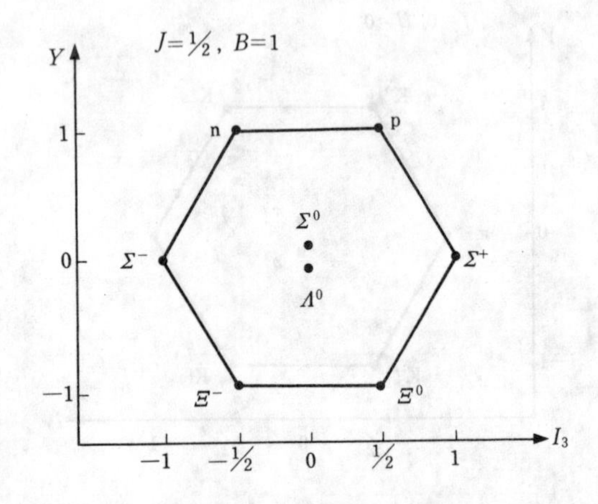

입자	질량(MeV/c^2)	쿼크	Y	I_3
p	938	uud	1	½
n	940	udd	1	− ½
Σ^+	1189	uus	0	1
Σ^0	1193	uds	0	0
Σ^-	1197	dds	0	−1
Λ^0	1116	uds	0	0
Ξ^0	1315	uss	−1	½
Ξ^-	1321	dss	−1	− ½

그림 9-3 중입자 8중항

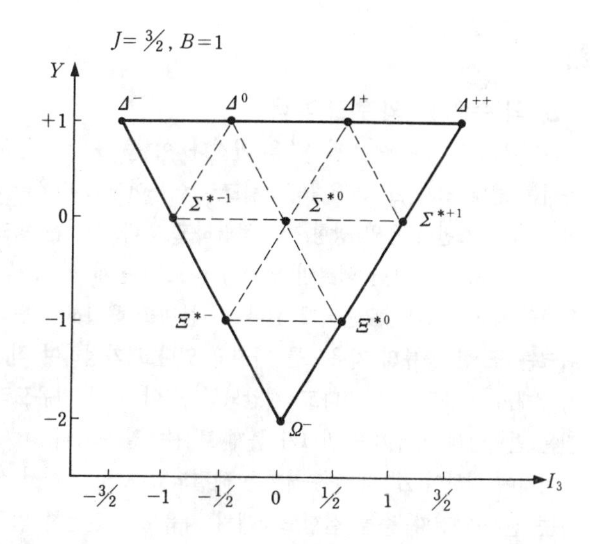

입자	질량(MeV/c^2)	쿼크	Y	I_3
Δ^{++}	1232	uuu	1	$3/2$
Δ^{+}		uud	1	$1/2$
Δ^{0}		udd	1	$-1/2$
Δ^{-}		ddd	1	$-3/2$
Σ^{*+}	1385	uus	0	1
Σ^{*0}		uds	0	0
Σ^{*-}		dds	0	−1
Ξ^{*0}	1530	uss	−1	$1/2$
Ξ^{*-}		dss	−1	$-1/2$
Ω^{-}	1672	sss	−2	0

그림 9-4 중입자 10중항

큰 성과라고 할 수 있다.

Δ^{++}의 수수께끼와 쿼크의 색

바리온의 10중항은 스핀 $\frac{3}{2}$을 가진다. 이 중 $+2e$의 전하를 가지는 델타 입자 Δ^{++}는 3개의 u쿼크로 이루어지고 더욱이 3개의 쿼크의 스핀이 동일 방향으로 정렬하고 있다. 이것은 쿼크가 페르미 입자라고 하면 페르미 입자가 따르는 통계 법칙, 즉 파울리의 배타 원리와 모순되게 된다. 이 문제를 해결하기 위하여 쿼크는 또 한 종류의 자유도를 가지고 있다고 가정하여 적, 녹, 청 3개의 자유도를 가진다고 제안되었다. 이 색의 자유도라는 것은 편의상의 이름이며 쿼크가 붉게 보이는 일은 없다.

이것에 의하여 Δ^{++}의 수수께끼는 해결되었다. 또 뒤에서 설명하는 전자·양전자 충돌 실험도 3개의 자유도와 완전히 일치한다.

글루온

글루온을 결합하고 있는 것은 무엇인가. 난부(南部)는 쿼크와 마찬가지로 색이 있는 글루온에 의한다고 제안하였다. 쿼크가 가지고 있는 3개의 색도 강한 힘의 대칭성을 가진 3중항이라고 생각하면 쿼크를 결합하는 글루온도 색이 있는 8중항을 이루게 된다. 색이 있는 쿼크 사이의 상호 작용은 색이 있는 글루온의 교환에 의하여 매개된다.

또 존재하는 강입자는 모두 무색이라고 한다. 중간자의 쿼크와 반쿼크는 이른바 보색으로 비유되는 색을 서로 가지고 있고 상쇄되어 무색이 된다. 중입자는 3개의 쿼크가 이른바 삼원색에 비유되는 다른 색을 서로 가지게 되면 무색 상태가 된다. 이 무색인 조건은 자연계에 2개의 쿼크나 4개의 쿼크로 되어 있는 입자가 아직 발견되지 않는 것과 관련이 있다.

색이 있는 쿼크를 결합하고 있는 색이 있는 글루온을 다루는 역학을 양자 색역학이라고 한다.

글루온은 전하를 갖지 않으므로 전자기 상호 작용을 하지 않는다. 또 경입자는 색이 없으므로 글루온은 경입자와도 작용하지 않는다. 글루온은 쿼크와만 작용한다.

쿼크는 실재하는가

자투리 전하 $\frac{2}{3}e$나 $-\frac{1}{3}e$를 가진 쿼크는 정말로 존재하는가. 이 의문에 답하기 위하여 쿼크를 탐색하는 실험이 시도되었다. 이것은 밀리컨이 금세기 초에 기름 방울 실험으로 전자의 전기량을 결정한 경우와 비슷하다. 밀리컨은 전기량의 최소 단위로서 전자의 전기량을 결정하였는데, 쿼크의 경우는 그 $\frac{2}{3}$ 또는 $\frac{1}{3}$의 전하를 찾게 된다.

대표적인 실험 방법으로 신틸레이션 카운터를 사용하여 신호의 크기에서 전하를 결정하는 방법이 있다. 하전 입자는 물질 내에서 전자와의 충돌에 의하여 에너지를 잃는다. 이 현상을 이온화 작용이라고 하는데, 그때 잃는 에너지는 입자 전하의 제곱에 비례한다. 따라서 쿼크는 보통의 하전 입자에 비해서 $\left(\frac{2}{3}\right)^2=\frac{4}{9}$ 또는 $\left(\frac{1}{3}\right)^2=\frac{1}{9}$배의 에너지 손실을 받는다. 신틸레이션 카운터의 신호 크기는 이 에너지 손실에 비례하므로 쿼크 검출이 가능하게 된다. 우주선의 2차 입자나 고에너지 가속기로부터의 고에너지 입자와 물체의 충돌에 의해 생성되는 2차 입자 중에서 쿼크를 탐색하는 실험이 실시되었다.

그러나 지금까지의 실험 결과는 부정적이고 쿼크는 독립적으로 존재하지 않는다고 생각하는 것이 타당하다는 결론을 얻었다.

소립자 분류 등 훌륭한 성공을 거둔 쿼크 모형을 생각하면 쿼크는 입자의 구성 모체인데 어떤 이유로 단독으로는 떼어낼 수 없는 것이 아닌가 하는 생각이 들었다.

쿼크의 밀폐

1959년에 이탈리아 사람 레제에 의하여 어떤 종류의 강입자에 관하여 스핀이 질량의 제곱에 비례하는 것이 판명되었다. 이 경우에 중간자에서는 쿼크와 반쿼크가 그 사이에 작용하는 인력을 받아서 자전한다고 생각하여 쿼크간의 힘이 일정하다고 하면 스핀과 질량 사이에서 실험과 일치하는 관계가 유도된다. 따라서 쿼크를 떼어 내려고 하면 거리에 비례하여 위치 에너지가 증대한다.

이렇게 쿼크와 반쿼크가 고무줄과 같은 것으로 결합되어 있어서 떼어낼 수 없다고 생각된다. 그 반면, 쿼크는 가까운 거리에서는 상호 작용이 작아지고 거의 자유로운 입자로 동작하는 것이 알려져 있으므로 이 중간자 모델은 근거리에서는 올바르지 않다고 할 수 있다.

전자와 핵자의 비탄성 산란 실험

1969년에 슬랙에서 J. 프리드먼 들은 총길이 3km, 200억eV의 전자 선형 가속기를 사용하여 전자에 의한 수소와 중수소 표적과의 충돌 실험을 실시하였다. 그 결과, 깊은 비탄성 산란에서는 입사 전자가 강하게 되튕겨지는 반응 확률이 예상보다 대단히 크다는 것을 검출하였다. 이것은 대단히 중요한 발견으로 양성자나 중성자가 내부 구조를 가지며 그 구성 입자와의 산란으로 일어난다고 생각된다.

러더퍼드가 α입자와 원자와의 산란에서 큰 각도로 산란되는 α입자의 각도 분포에서 원자핵의 존재를 구명한 것과 유사하다.

핵자가 핵물질로 균일하게 이루어져 있다고 하면 고에너지 전자가 작은 각도에서만 산란되는 것이 이론적으로 증명된다. R. 파인먼은 전자의 큰 각도의 산란 현상은 핵자가 구조가 없는 점 모양의 구성 입자로 이루어진다고 설명하고 이 입자를 파톤(parton)이라고 이름붙였다.

전자와 핵자의 산란 실험 외에 고에너지의 중성미자와 핵자와의 반응 실험도 정력적으로 실행되었다. 그 결과, 전자와 중성미자의 반응에 관계하고 있는 파톤은 스핀 $\frac{1}{2}$을 가지며 핵자가 가지고 있는 에너지의 약 50%를 담당하고 있다는 것이 판명되었다. 오늘날 이 파톤이 쿼크인 것을 의심하는 사람은 드물다.

핵자 에너지의 나머지 50%는 경입자와의 반응도 전자기 상호 작용도 하지 않는 글루온에 의해서 분담된다고 생각된다.

전자·양전자 충돌형 가속기

상세한 것은 다음 절에서 설명하겠지만, 소립자 실험에서는 충돌이 무게중심계 에너지가 큰 것이 바람직한 일이 많다. 가속기의 에너지가 가속 입자의 정지 질량보다 커지면 상대론적 효과에 의하여 고정된 표적과의 충돌에서는 무게중심계 에너지가 그다지 커지지 않는다. 전자와 같이 가벼운 입자에서는 그 영향이 특히 뚜렷하다.

그래서 충돌형 가속기 콜라이더의 개발이 급속히 진행되었다.

1974년 슬랙의 전자·양전자 콜라이더 SPEAR에서 네 번째

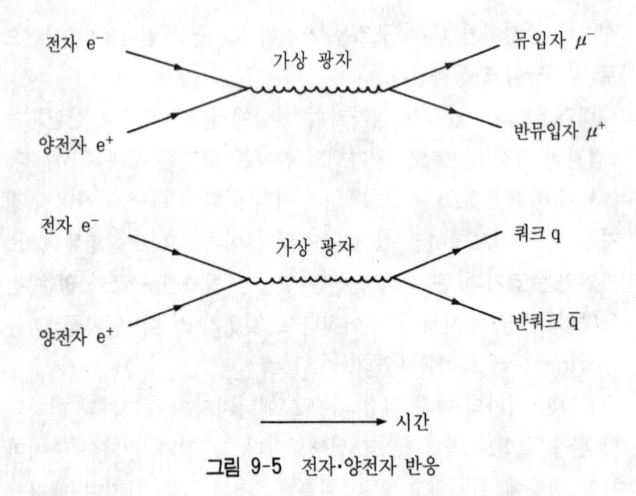

그림 9-5 전자·양전자 반응

쿼크인 참 쿼크(c쿼크)가 발견된 이래 오늘날까지 가속기의 에너지가 높아져 전자·양전자 콜라이더는 눈부신 성과를 올리고 있다.

전자와 양전자의 충돌

전자·양전자 콜라이더에 의한 실험은 쿼크 연구에 중요한 역할을 하였다. 주요 소립자 반응은 그림 9-5와 같이 전자와 양전자가 충돌하여 가상 광자가 되고 그것이 소립자와 반소립자의 쌍으로 소멸한다. 가상 광자는 보통 광자와 달리 질량을 가지며 중간 상태로서 가상적으로 나타난다. 양자 역학적으로 반응 확률을 계산하는 경우 등 가상적인 중간 상태를 모두 고려할 필요가 있다.

이 소멸 반응의 경우 소립자는 경입자와 쿼크인데, 쿼크는 고립되어 존재하지 않으므로 그림 9-6과 같이 전후 반대 방향으

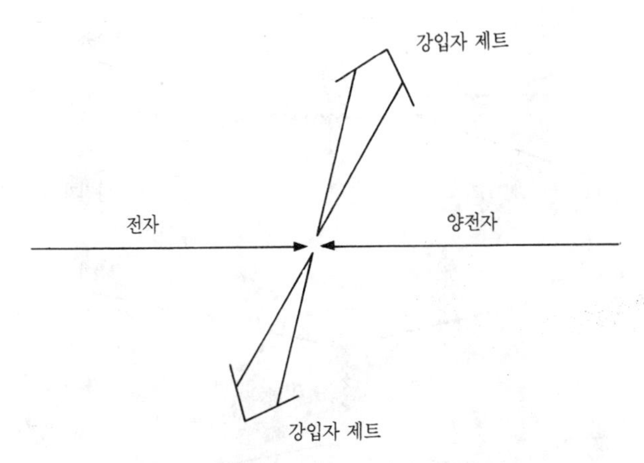

그림 9-6 실험실계의 쿼크·반쿼크 생성 반응

로 제트 모양의 다수의 강입자의 다발이 되어 나타난다. 이것을 강입자 제트라고 한다.

전자와 양전자쌍이 생성되는 경우는 충돌 전후에서 입자쌍이 같기 때문에 가상 광자의 중간 상태 외에 광자의 교환 과정도 고려할 필요가 있다(그림 9-7). 전자와 양전자쌍이 생성되는 반응을 처음으로 이 과정을 연구한 물리학자의 이름을 따서 바버 산란이라고 한다.

이에 반하여 μ입자쌍의 경우, 반응 과정이 쿼크쌍의 경우와 아주 동등하므로 반응 확률은 가상 광자가 입자와 반입자쌍이 되는 비율, 즉 입자 전하의 제곱에 비례한다. 가상 광자가 하전 입자쌍으로 변화하는 과정은 전자기 상호 작용만이 관여하므로 이것이 성립한다. 그래서 강입자 이벤트수와 μ입자쌍 이벤트수의 비, 보통 R값이라고 부르는 값은 관여하는 쿼크의 전하(전자의 전하를 단위로 한다)의 제곱의 합이 된다.

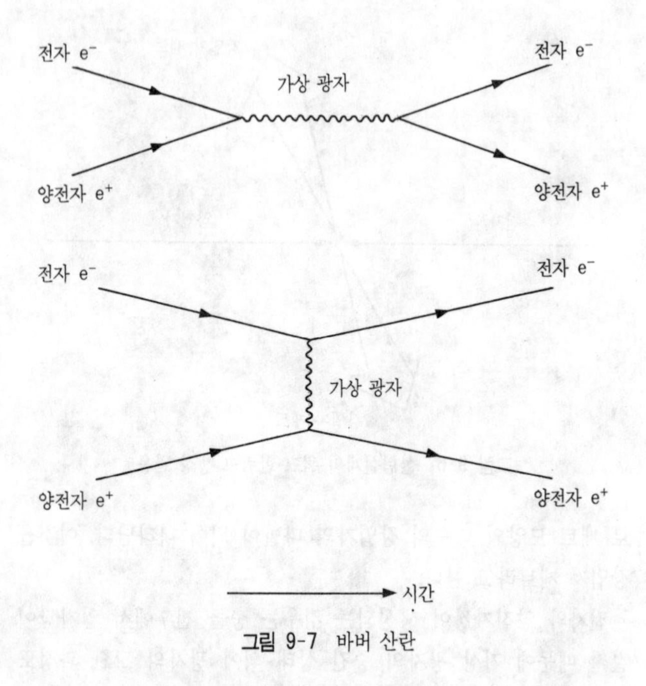

그림 9-7 바버 산란

무게중심계 에너지가 30억eV 이하에서는 u, d, s의 3종류의 쿼크만이 관여하고 있으므로 $R=\left(\frac{2}{3}\right)^2+\left(\frac{1}{3}\right)^2+\left(\frac{1}{3}\right)^2=\frac{2}{3}$가 기대되었다. 여기서 제1항은 업 쿼크, 제2, 3항은 다운, 스트레인지 쿼크에 대응한다. 그런데 실험 결과는 $R \fallingdotseq 2$였으므로 각 쿼크가 3개의 자유도, 즉 적, 녹, 청의 자유도를 가진다고 생각하면 모순이 없어진다. 따라서 이 R값의 측정은 Δ^{++}의 수수께끼를 풀기 위하여 도입된 3색의 자유도의 가설을 강하게 지지하는 실험 결과라고 할 수 있다.

전자·양전자 콜라이더에서 R값의 측정은 대단히 중요한 의미를 가진다. 어떤 에너지 사이에서 전하 $\frac{2}{3}$의 쿼크가 태어난다고

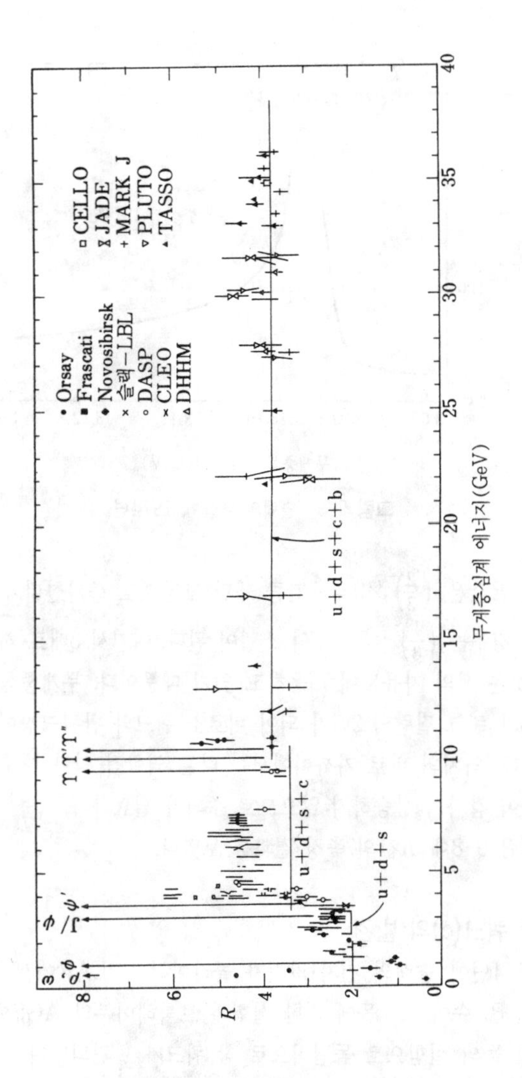

그림 9-8 *R*값의 측정 결과

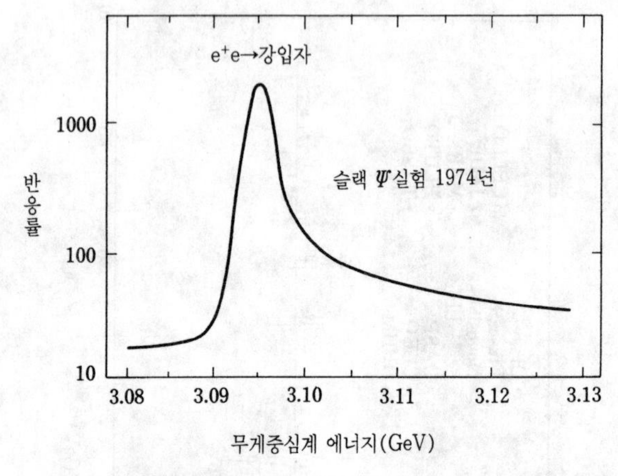

그림 9-9 슬랙의 Ψ실험, 1974년

하면 R값은 $\left(\frac{2}{3}\right)^2 \times 3 = \frac{4}{3}$만큼 계단 모양으로 증가한다. 전하가 $\frac{1}{3}$인 경우는 $\left(\frac{1}{3}\right)^2 \times 3 = \frac{1}{3}$의 스텝이 된다. 여기서 3배로 하고 있는 것은 색의 자유도에 대응하고 있기 때문이다. 무게중심계 에너지가 쿼크 질량의 2배가 되어 비로소 쿼크와 반쿼크쌍이 생성되는데, 역치의 바로 가까이에서는 다른 역학적 영향 때문에 이 스텝이 갑자기 상승하지 않으므로 주의가 필요하다.

그림 9-8에 R값의 측정 결과를 보였다.

참 쿼크(c)의 발견

1974년에 슬랙의 전자·양전자 콜라이더 SPEAR에서 B. 리히터, R. 슈이터즈 들에 의한 실험과 브룩헤이븐의 AGS에서의 S. 팅 들의 실험으로 독립적으로 참 쿼크가 발견되었다. 그림 9-9에 보인 것과 같이 SPEAR에서는 전자와 양전자의 충돌에

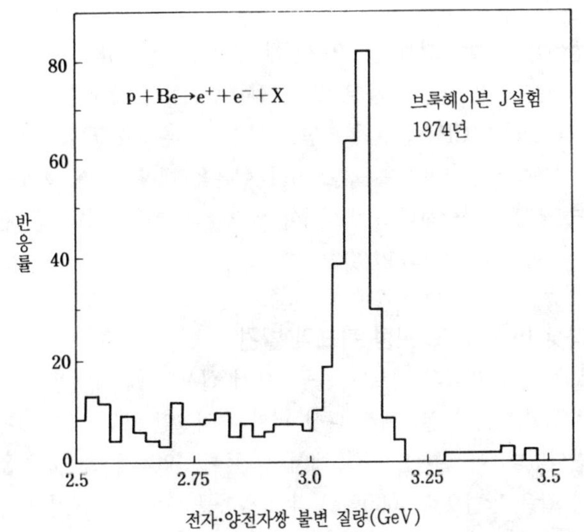

그림 9-10 브룩헤이븐의 J실험, 1974년

서 무게중심계 에너지가 31억eV에서 예리한 피크가 관측되어 Ψ입자라고 이름붙였다. 또 AGS의 실험(그림 9-10)에서는 280억eV의 양성자를 베릴륨 표적에 충돌시켜서 생성된 반응 입자에서 전자와 양전자쌍을 검출하여 불변 질량을 구하였다. 이 불변 질량은 전자와 양전자가 짧은 수명의 모입자의 붕괴에 의하여 생길 때의 모입자의 정지 질량에 해당한다. 불변 질량이 31억eV가 되는 곳에 비교적 폭이 좁은 큰 피크가 관측되었다. 이 실험에서는 이 피크에 대응하는 입자를 J입자라고 이름붙였다.

Ψ와 J입자는 동일 입자이며 Ψ/J 입자라고 부르며 참 쿼크와 반참 쿼크로 이루어지는 보손인 것을 알았다. 참 쿼크의 질량은 Ψ/J 입자의 약 반이고 참(c)이라고 부르는 양자수를 가지며 전

하는 $\frac{2}{3}e$이다.

참 쿼크가 발견되기 전 1972년에 고바야시(小林)와 마스가와(益川)는 공간 반전과 하전 켤레 변환이 조합된 상태에서 깨지는 잘 알려진 CP불변성의 깨짐을 설명하기 위하여 6개의 쿼크로 이루어지는 고바야시-마스가와 이론을 제안하였다. 현재 6 쿼크 모형은 타당하다고 생각되어 쿼크간의 결합 상수 등을 결정하는 연구가 진행되고 있다.

다섯 번째 쿼크, 보텀 쿼크의 발견

1977년에 미국의 페르미 연구소에서 실시된 L. 레더먼, 야마우치(山內) 들의 실험에서 다섯 번째의 쿼크인 보텀 쿼크(b)가 발견되었다. 이 실험은 AGS에서 팅 들이 J입자를 발견하였을 때와 같은 방법으로 4000억eV의 양성자를 베릴륨 표적에 조사하여 그 반응으로 생성되는 2차 입자 중에서 μ입자와 반μ입자의 쌍을 검출하여 불변 질량을 구한다.

표적에 원자 번호가 작은 베릴륨을 사용하는 것은 μ입자 등에 대한 표적 내의 다중 산란의 영향을 될 수 있는 대로 작게 하기 위해서이다. 그렇게 하지 않으면 불변 질량 분포의 피크 폭이 퍼져서 검출이 곤란하다.

이 실험에서는 불변 질량이 100억eV 근처에서 공명 보손에 대응하는 피크가 관측되었다. 이 보손은 Υ입자라고 부른다.

그후 미국 코넬 대학의 전자·양전자 콜라이더 실험 등에서 4개의 Υ입자족이 확인되었다.

Υ입자는 보텀 쿼크와 반보텀 쿼크로 이루어지는 보손으로 보텀 쿼크의 질량은 약 50억eV, 즉 양성자 질량의 약 5.3배로 보텀(b)이라고 부르는 양자수를 가지며 전자는 $-\frac{1}{3}e$이다.

세 번째 하전 경입자, 타우 입자의 발견

1975년에 M. 팔 들은 슬랙의 SPEAR의 실험 결과 해석에서 전자, μ입자에 이어지는 세 번째 하전 경입자인 τ입자를 발견하였다. 전자와 양전자의 충돌에서 μ입자와 양전자를 포함하는 이벤트와 전자와 반μ입자를 포함하는 이벤트를 합쳐서 24개를 관측하였다. 이러한 이벤트는 지금까지의 소립자 반응에서는 생각할 수 없으므로 팔 들은 전자와 양전자의 충돌에서 새롭고 무거운 하전 경입자와 그 반입자의 쌍이 생성되어 전자(또는 μ입자)와 반μ입자(또는 양전자)로 붕괴하였다고 추론하였다. 그후, 이 추론은 올바르고 τ입자가 확증되어 그 질량은 1784MeV, 즉 양성자 질량의 약 1.9배인 것을 알게 되었다.

τ입자도 τ형 경입자수 1을 가지며 반응이나 붕괴로 다른 경입자와 독립적으로 τ형 경입자수를 보존한다. 예를 들면, τ입자는 τ형 중성미자(ν_τ), μ입자(또는 전자)와 반μ형(또는 반전자형) 중성미자(ν_μ)로 붕괴하거나 또는 τ형 중성미자와 몇 개의 메손으로 붕괴한다.

쿼크와 경입자의 대응

지금까지 발견된 쿼크와 경입자를 정리하면 표 9-11과 같이 된다.

이들 입자는 모두 스핀 $\frac{1}{2}$을 가진 디랙 입자이다. 쿼크는 3개의 색의 자유도를 가진다. 여섯 번째의 톱 쿼크(t)는 아직 발견되지 않아 그 질량은 알려지지 않았다. τ형 중성미자(ν_τ)는 그 존재가 간접적으로 지지받고 있는데, 아직 전자 중성미자 (ν_e)나 μ중성미자(ν_μ)와 같이 직접 반응에 의해서 확인되었다고는 할 수 없다.

표 9-11 지금까지 발견된 쿼크와 경입자

입자족	전하	제1세대	제2세대	제3세대
쿼크	$\frac{2}{3}e$	u	c	(t)
	$-\frac{1}{3}e$	d	s	b
경입자	$-e$	e	μ	τ
	0	ν_e	ν_μ	(ν_τ)

쿼크와 경입자는 각각 2개의 입자가 쌍을 만들어 3개의 그룹이 되어 대응하고 있다. 이 그룹을 세대라고 부른다. 즉 3세대의 짝이 지금까지 모습을 드러냈는데 과연 제4세대, 또 더 많은 세대가 존재하는가. 이 의문에 대해서는 다음 장에서 생각해 본다.

톱 쿼크의 탐색

약 50억eV의 질량을 가진 보텀 쿼크가 발견된 이래, 톱 쿼크의 탐색이 계속되었다. 불행히도 톱 쿼크의 질량은 올바르게 예언할 수 없다.

그후 대형의 전자·양전자 콜라이더가 톱 쿼크의 발견을 목적으로 건설되었다. 독일 함부르크 DESY의 빔에너지 220억eV의 PETRA(1978년), 슬랙의 빔에너지 180억eV의 PEP(1980년), 빔에너지 300억eV의 트리스탄(1986년), 스위스 세른의 빔에너지 500억～900억eV의 LEP(1989년)는 모두 톱 쿼크의 발견에는 미치지 못하는 것이 거의 확정되었다. LEP는 건설을 시작하기 전부터 톱 쿼크는 트리스탄 등에서 이미 발견되었다고 하는 가정 아래에 다음 장에서 설명하는 약한 게이지 입자 Z^0와 $W^\pm$ 보손의 연구를 목적으로 건설되었다고 해도 된다.

톱 쿼크의 질량은 현재 페르미 연구소의 빔에너지 9000억eV의 양성자·반양성자 콜라이더, 테바트론의 실험에서 900억eV, 결국 양성자 질량의 약 100배 이상인 것으로 나타난다.

페르미 연구소에서는 현재 입사기계(入射器系)의 증강을 실시하여 톱 쿼크의 검출 능력을 올리는 계획을 진행하고 있다. 따라서, 여러 가지 실험 결과를 종합하여 간접적으로 추정하고 있는 것처럼 톱 쿼크의 질량이 1400억eV 전후라면 수년 이내에 페르미 연구소의 테바트론에서 발견될 것이 예상된다.

쿼크의 앞은?

쿼크 모형은 처음에 수없이 많이 발견된 강입자를 3개의 기본 입자로 설명하기 위해서 고안되어 성공을 거두었다. 그러나 그 후 참 쿼크나 보텀 쿼크가 발견되어 여섯 번째 쿼크인 톱 쿼크도 어차피 발견될 것으로 믿고 있다. 이들 쿼크는 3개의 색으로 된 자유도를 가지고 있으므로 전체로 $6 \times 3 = 18$종의 쿼크가 존재하게 된다.

다음 장에서 설명하는 것같이 현 단계에서는 이 이상의 쿼크가 새로이 발견될 가능성이 적은 것으로 생각되지만 절대로 일어나지 않는다고는 말할 수 없다.

쿼크만이라도 이만큼 수가 많고, 또 질량 스펙트럼도 복잡하다. 서서히 더 높은 레벨의 대칭성을 발견할 시기에 가까워지고 있는 것이 아닌가 하는 기대가 생긴다.

X. 소립자의 표준 이론

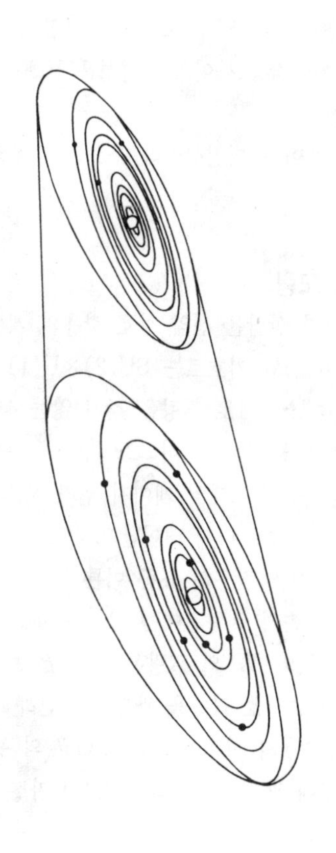

1965년에 맥스웰은 전기 상호 작용과 자기 상호 작용을 통일하여 전자기 이론을 만드는 데에 성공하였다. 맥스웰 방정식은 1개의 임의의 상수, 광속도를 이론 속에 도입하였다. 그 광속도는 이론에서 예언되는 양이 아니고 실험에 의하여 결정되는 것이었다.

1960년대 후반에 S. 와인버그, A. 살람, S. L. 글래쇼는 전자기 상호 작용과 약한 상호 작용을 통일하여 기술하는 전약 상호 작용의 이론을 제안하였다. 얼핏 보아 동떨어진 것처럼 보이는 전자기력과 약한 상호 작용 사이의 대칭성은 1000억eV의 에너지 영역에서 밝혀진다.

이 전약 이론은 게이지 대칭성이라 부르는 수학적 기법으로 전개되었다.

와인버그-살람 모형

1967년 와인버그와 살람은 전약 상호 작용의 게이지 이론을 제안하였다. 군론(群論)의 기호로는 $SU(2) \times U(1)$ 모형이라고 한다. 이 이론에서는 스핀 1로 질량을 갖지 않는 4개의 게이지 보손을 도입하였다. 이들 보손은 히그스 기구에 의한 자발적인 대칭성의 깨짐에서 무거운 3개의 게이지 입자 W^+, W^-, Z^0와 질량을 가지지 않는 광자로 다시 태어난다.

이것을 보통 전약 상호 작용의 표준 이론이라고 부른다. 이론에서 위크 게이지 보손의 질량간에는 $M^2_{Z0} = M^2_{W\pm}/\rho\cos^2\theta_W$의 관계가 유도된다. W^+와 W^-의 질량은 같다. θ_W는 와인버그각이라고 불리며 전자기 상호 작용을 관장하는 전하 e와 약한 상호 작용의 작용 상수 g의 사이에서 $e = g\sin\theta_W$의 관계가 있다. 또 ρ는 히그스 기구에 관계되는 파라미터로서 가장 간단한 1개

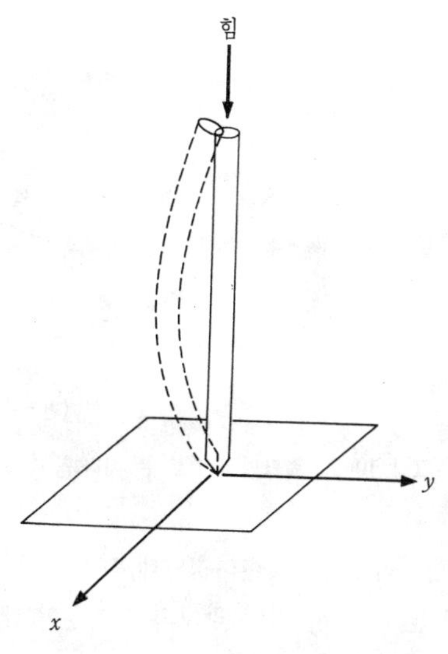

그림 10-1 자발적인 대칭성의 깨짐

의 히그스 입자를 필요로 하는 모형에서는 $\rho=1$이 된다.

이렇게 하여 전자기 상호 작용과 약한 상호 작용은 통일되었다.

자발적인 대칭성의 깨짐

3개의 무거운 게이지 입자를 생성한 자발적인 대칭성의 깨짐이란 무엇인가. 자연계에는 완전한 대칭 상태보다 비대칭 상태가 안정한 예가 몇 가지 있다. 잘 사용되는 한 예를 소개한다. 지금, xy평면에 서 있는 막대의 위쪽에서 수직으로 힘을 가한다. 막대는 완전히 대칭인 상태로 계속 서 있게 되는데, 그림 10-1에서 보인 활처럼 휜 상태가 되려고 한다. 이 상태는 xy평면

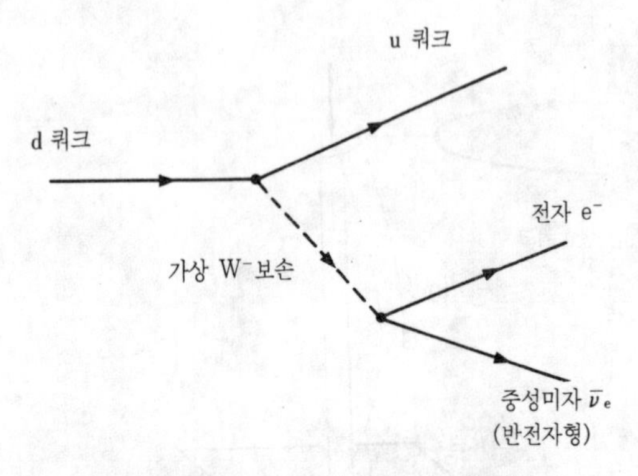

그림 10-2 쿼크의 레벨로 본 베타 붕괴

에서 어떤 방향이라도 좋고 비대칭인데, 대단히 안정한 상태라고 할 수 있다. 곧바로 서 있던 막대의 대칭성이 깨지고 갑자기 안정한 비대칭 상태가 된 것이다.

히그스 입자

쿼크 등의 질량차가 생기게 된 이유를 해명하기 위해서 생각해 낸 히그스 기구 중에서 가장 간단한 기구에서는 1개의 히그스 입자만이 필요하다고 여긴다. 가장 복잡한 히그스 기구도 가능하지만, $W^{\pm}$보손과 Z^0보손의 질량 측정 결과는 히그스 입자를 1개만 필요로 하는 모형과 일치한다.

히그스 입자의 질량은 이론으로부터 예언할 수 없다. 현재의 실험 하한값은 약 500억eV로서 그 상한은 이론적으로 약 1조 eV인 것이 알려져 있다. 즉 M_H를 히그스 입자의 질량이라고 하면

$$50\text{GeV} < M_H \lesssim 1\text{TeV}$$

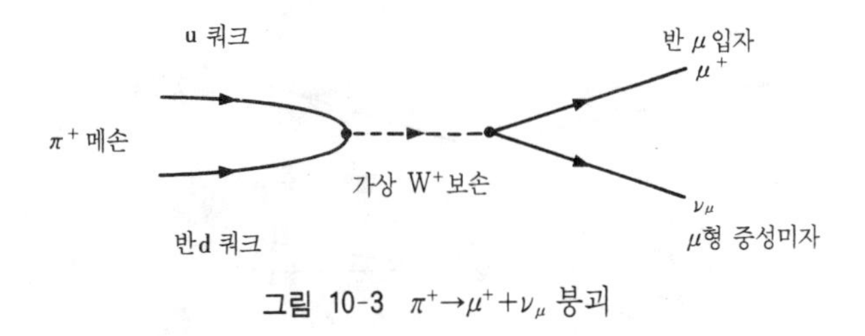

그림 10-3 $\pi^+ \to \mu^+ + \nu_\mu$ 붕괴

의 관계가 있다.

히그스 기구가 올바르다면 어떻게 하여 그 존재를 확증할 수 있는가. 이 책의 제목인 SSC는 바로 이 히그스 기구에 관한 현상의 해명을 가장 중요한 연구 목적의 하나로 하고 있다.

다음에 히그스 입자의 붕괴 과정을 생각해 보자. 히그스 입자의 질량이 위크 보손의 2배 이상, 즉 약 2000억eV 이상인 경우는 히그스 입자는 주로 위크 보손쌍으로 붕괴한다. 즉 $H \to Z^0 + Z^0$, 또는 $H \to W^+ + W^-$가 된다. 또 히그스 입자와 쿼크의 상호 작용 세기는 쿼크 질량의 제곱에 비례하므로 쿼크쌍의 붕괴는 무거운 톱 쿼크, 즉 $H \to t + t\bar{t}$($\bar{t}$는 반톱 쿼크)가 주이고 그 외에는 대단히 작다.

약한 상호 작용

와인버그—살람 이론에 의하면 약한 상호 작용은 전하를 가진 W^+와 W^-보손과 중성인 Z^0보손에 의하여 매개된다.

중성자가 양성자로 변화하는 β붕괴는

〔중성자〕(udd)→〔양성자〕(uud)+〔전자〕+〔중성미자〕

인데, 쿼크 레벨에서는 그림 10-2와 같이 다운 쿼크(d)가 가상적으로 W^-보손을 방출하여 업 쿼크(u)로 변하여 W^-보손이

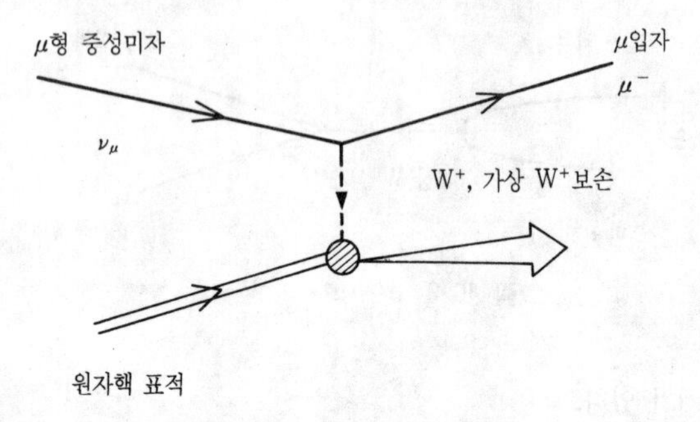

그림 10-4 하전 커런트 반응

전자와 반전자형 중성미자 $\bar{\nu}_e$로 붕괴한다(반입자를 나타내는 데는 입자 기호 위에 마이너스 기호를 붙인다. 앞에서 나온 예에서는 반톱 쿼크가 $\bar{t}$였다). 따라서 반응은

$$d \rightarrow u + e^- + \bar{\nu}_e$$

라고 나타낼 수 있다. 이 붕괴 확률은 W^-보손 질량의 4제곱에 반비례하므로 β붕괴는 대단히 약하게 일어난다.

또 하나의 예로서 양의 π중간자 π^+가 반μ입자 μ^+와 μ형 중성미자 ν_μ로 붕괴하는 과정은 그림 10-3과 같이 π^+는 업 쿼크와 반다운 쿼크 $\bar{d}$로 되어 있으므로 이 입자쌍이 가상적으로 W^+보손으로 변하고 μ^+와 ν_μ로 붕괴한다(μ^+는 반입자이지만 양전자를 e^+로 나타내는 것처럼 단지 양전하 기호로 표시한다. τ^+도 마찬가지다).

$W^\pm$보손의 질량이 대단히 무겁기 때문에 이들 반응은 대단히 약하게 일어난다. 즉 붕괴 수명이 대단히 길다.

W^+, W^-보손이 관계하는 약한 상호 작용에서는 보손이 $+e$ 또는 $-e$의 전하를 가져가므로 하전 커런트 상호 작용이라고

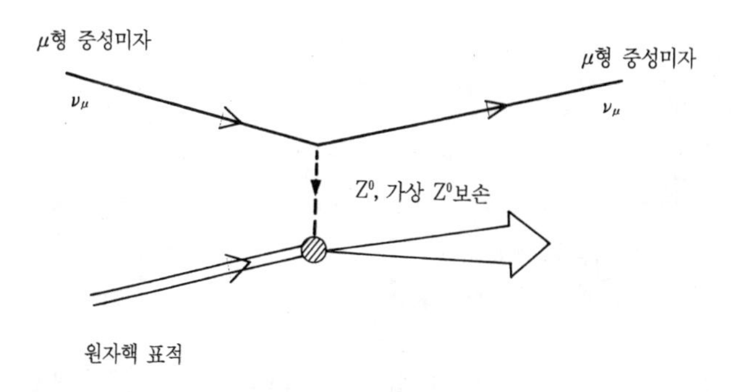

그림 10-5 중성 커런트 반응

불린다. 이 반응에서는 쿼크의 종류가 변하고 경입자가 동족의 경입자로 변한다. 즉, 동족간에서 경입자수는 보존된다. 쿼크의 경우에는 세대간에서 다소의 혼합이 일어나 세대간에서의 쿼크의 변화도 일어난다.

중성 커런트

표준 이론에 의하면 광자의 교환에 의한 전자기 상호 작용에 대응하여 Z^0를 교환하는 반응이 있을 것이다. 이 반응은 Z^0가 전하를 갖지 않으므로 중성 커런트 반응이라고 불린다. μ형 중성미자 반응(ν_μ)에서는 그림 10-4, 10-5와 같이 그 때까지 관측되어 있는 μ입자(μ^-)를 수반하는 반응 외에 μ입자를 수반하지 않는 반응이 있게 된다. 전자형 중성미자(ν_e)의 경우는 전자를 수반하지 않는 반응이 이에 대응한다. 실험에서는 μ입자나 전자를 수반하지 않는 반응은 백그라운드로부터의 분리가 어렵기 때문에 검출이 곤란하다.

1973년경에 E. J. 하사트 들은 세른의 기포 상자 실험에서 중

표 10-6 위크 보손의 주요 붕괴 확률

$W^+ \rightarrow e^+\nu_e,\ \mu^+\nu_\mu,\ \tau^+\nu_\tau$	각 10%
$\bar{d}u,\ \bar{s}c$	각 30%
$Z^0 \rightarrow e^+e^-,\ \mu^+\mu^-,\ \tau^+\tau^-$	각 3.3%
$\nu_e\bar{\nu}_e,\ \nu_\mu\bar{\nu}_\mu,\ \nu_\tau\bar{\nu}_\tau$	각 6.4%
$d\bar{d},\ u\bar{u},\ s\bar{s},\ c\bar{c},\ b\bar{b}$	각 14%

성 커런트의 이벤트 관측에 성공하였다. 그후 이어 미국의 페르미 연구소에서도 중성 커런트의 이벤트가 확인되었다.

$W^{\pm}$, Z^0 보손

$W^{\pm}$와 Z^0보손은 1983년에 세른에 건설된 빔 에너지 300억 eV의 양성자·반양성자 콜라이더 $Sp\bar{p}S$에서 C. 루비아 들에 의하여 처음으로 발견되었다. 그후 페르미 연구소의 빔 에너지 9000억eV의 양성자·반양성자 콜라이더, 테바트론에서 수없이 검출되었다.

최근 Z^0보손은 슬랙의 선형 전자·양전자 콜라이더, SLC와 세른의 전자·양전자 싱크로트론 콜라이더, LEP에서 100만 개의 수준으로 검출되어 정밀한 측정이 계속되고 있다.

표준 이론으로 이들 위크 보손의 붕괴 확률을 능률적으로 계산할 수 있다. 주요 붕괴 모드와 분기율을 표 10-6에 보인다 (W^-는 W^+의 하전 대칭인 쌍이 되므로 생략한다. 그림 10-7도 참조).

톱 쿼크의 질량이 크기 때문에 Z^0는 톱 쿼크쌍으로는 붕괴하지 않는다.

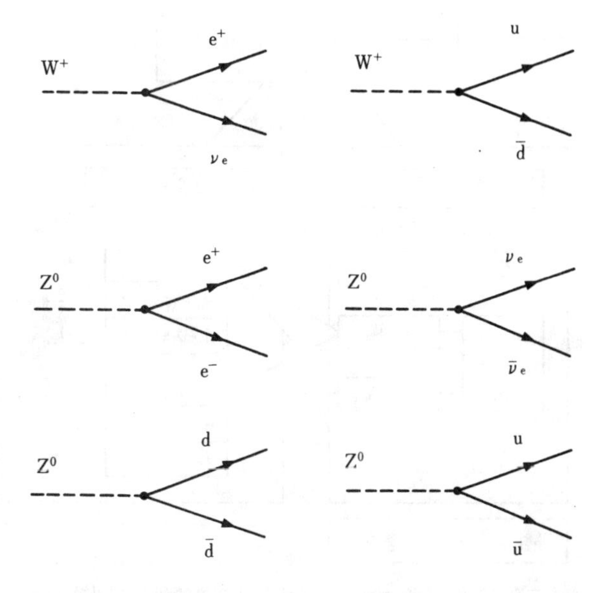

그림 10-7 위크 보손의 붕괴 과정(제2, 제3세대의 쿼크, 경입자에도 마찬가지 과정이 일어난다. 단 $Z^0 \rightarrow t + \bar{t}$ 와 $W^+ \rightarrow t + \bar{b}$는 에너지의 보존 법칙 때문에 일어나지 않는다).

표 10-8 위크 보손의 질량과 질량폭

보손	질량	질량폭
$W^{\pm}$	80.6GeV	225MeV
Z^0	91.161GeV	253MeV

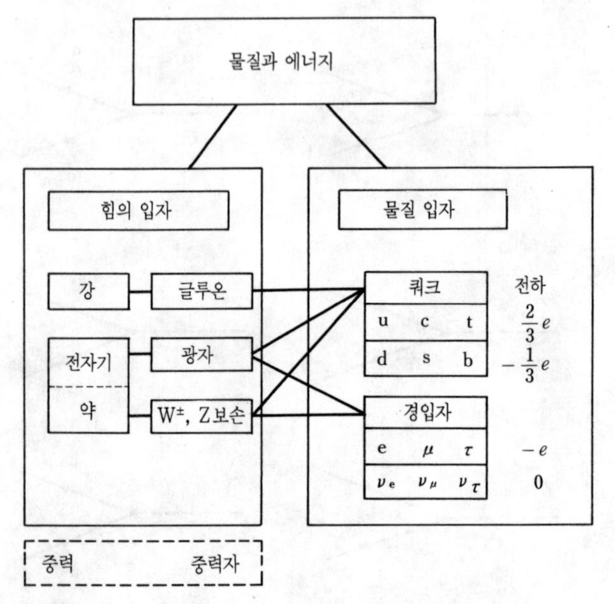

그림 10-9 표준 이론에 있어서 물질 입자와 작용 입자의 관계

$W^{\pm}$, Z^0의 질량폭의 데이터를 표 10-8에 보인다.

Z^0 보손의 질량폭과 세대수

Z^0보손의 질량폭에 대한 최근의 정밀 측정 데이터는 대단히 중요한 물리적 의미를 가진다. 즉 제4세대의 존재 가능성을 완전히 제외하고 있다. 만일 제4세대가 존재하고 대응하는 중성미자 ν_4의 질량이 Z^0보손 질량의 반보다 가볍다고 하면 $Z^0 \to \nu_4\bar{\nu}_4$의 붕괴가 가능하게 되어 Z^0보손의 질량폭이 그 몫만큼 넓어진다. 그 가능성을 현재의 실험 정밀도로 완전히 제외할 수 있었다. 가령 중성미자의 질량이 무거운 경우나 표준 이론 이외의

이론의 경우는 제4세대의 존재는 불가능하다고 말할 수는 없다.

물질 입자와 작용 입자

그림 10-9에 표준 이론에 있어서의 물질 입자와 작용 입자의 관계를 보인다. 물질 입자는 스핀 $\frac{1}{2}$의 쿼크와 경입자로 이루어지며, 작용 입자는 스핀 1의 게이지 입자인 글루온, 광자, 위크 보손으로 이루어진다. 글루온은 쿼크와만 작용하고, 광자는 쿼크와 하전 경입자에, 위크 보손은 모든 입자에 작용한다.

중력 작용에 관계하는 중력자는 질량이 있는 모든 입자와 작용하는데 표준 이론에는 포함시키지 않으며, 스핀 2를 가지고 있다.

Ⅺ. 수수께끼로 남는 문제

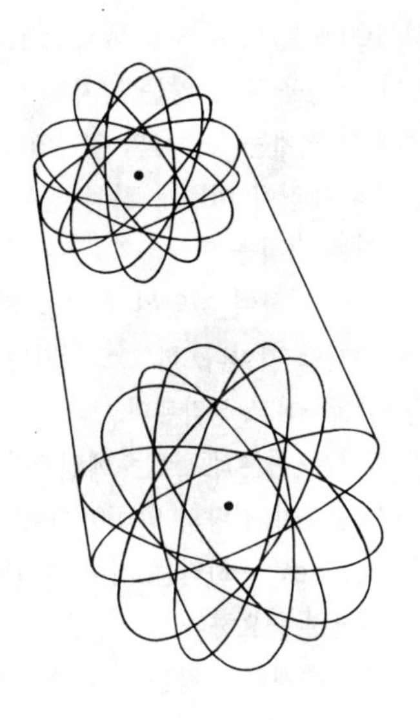

앞의 Ⅲ장에서 근대 입자 물리학이 어떻게 발전하고 표준 이론까지 진척되었는가를 설명하였다. 표준 이론에 대해서는 지금까지 많은 실험적 검증이 실시되었는데, 이론과 모순되는 결과는 얻지 못했다.

그러면 어떤 문제가 남아 있는가 이 장에서 정리해 본다.

전약 상호 작용의 대칭성의 깨짐의 기원

자발적인 대칭성의 깨짐에 의하여 게이지 불변성에서 도입된 질량을 갖지 않는 4개의 게이지 보손이 3개의 무거운 약보손과 질량을 갖지 않는 1개의 보손, 즉 광자로 변하는 것이 알려져 있다. 와인버그와 살람은 이 대칭성의 깨짐을 히그스 기구를 사용해 설명하여 전자기 상호 작용과 약한 상호 작용의 통일에 성공하였다.

양성자 질량의 100배 정도 무거운 $W^{\pm}$, Z^0보손이 이론의 예언대로 발견되었다. 질량을 갖지 않는 광자와 이렇게 무거운 보손이 대칭성이 깨지기 전에는 동종류의 입자였다.

자발적인 대칭성의 깨짐이 어떻게 하여 일어나는가. 그 기구의 해명은 물리의 기본 법칙을 이해하기 위한 가장 중요한 과제이다. 이것을 설명하기 위하여 제안된 히그스 기구가 올바르다면 히그스 입자가 존재할 것이다. 히그스 입자는 경입자나 쿼크의 질량에도 직접 관계한다고 생각된다.

히그스 입자의 질량은 이론적으로는 예언되지 않고, 현재 실험을 통해 500억eV(양성자 질량의 약 50배)보다 크다는 것, 또 이론적 고찰에서 약 1조eV 이하라는 것이 추정되어 있다. 히그스 입자의 검출은 대단히 중요하다.

가령, 히그스 입자가 존재하지 않는 경우 어떻게 되는가. 표준 이론은 1000억eV의 에너지 영역까지 올바른 이론인 것은 확실한데, 1자리 위의 1조eV의 질량 스케일에서는 본질적인 문제를 가지고 있다는 것이 알려져 있다. 즉 약보손끼리의 산란 확률이 발산해 버린다.

따라서, 질량 스케일이 1조eV인 영역에서는 히그스 입자가 발견되지 않는 경우에는 반드시 새로운 현상이 일어나게 된다.

쿼크와 경입자의 세대수

앞 절에 설명한 것과 같이 Z^0보손의 질량폭의 정밀 측정 결과로 쿼크와 경입자의 세대수가 3인 것을 알게 되었다. 제4세대의 중성미자 질량이 Z^0보손 질량의 반, 즉 450억eV와 큰 경우는 제4세대도 가능하게 된다. 3개 세대의 중성미자는 대단히 가볍고 질량을 갖지 않는 것과 모순되지 않는다. 전자형, μ입자형 및 τ입자형 중성미자 질량의 측정된 상한값은 각각 17eV, 27만eV 및 3500만eV이다. 따라서 제4세대의 중성미자 질량이 450억eV보다 클 가능성은 적다고 생각된다.

그러면 이 우주는 정말로 3개 세대의 쿼크와 경입자만으로 되어 있는가. 실은 높은 질량 영역에서는 모순되지 않는 현상이 나타나는 것도 크게 기대할 수 있다.

톱 쿼크

여섯 번째의 쿼크인 톱 쿼크(t)는 현재 아직 발견되지 않았다. 아마, 수년 이내에 페르미 연구소에서 테바트론의 입사계가 개량되었을 때에 발견될 것으로 예상되고 있다. 그러나 톱 쿼크의 질량은 1400억eV 근방이라고 추정되고 있으며, 빔 에너지 약 1조eV의 양성자·반양성자 콜라이더, 테바트론에서는 생성 확률이 대단히 작다. 그에 비해 빔 에너지 20조eV의 SSC에서는 생성 확률이 높고 다수의 톱 쿼크를 모을 수 있으므로 용이하게 톱 쿼크의 특성을 연구하는 것이 가능해진다.

새로운 힘은 존재하는가

우리는 4개의 힘, 즉 중력, 약한 상호 작용, 전자기 상호 작용, 강한 상호 작용을 알고 있다. 표준 이론에서 약한 상호 작용과 전자기 상호 작용은 통일되었다. 이 밖에 새로운 상호 작용은 존재하지 않는가. 새로운 상호 작용이 존재하면 새로운 게이지 입자가 존재한다. 예를 들면, 질량이 큰 제2의 Z보손은 존재하는가.

경입자와 쿼크는 기본 입자인가

경입자와 쿼크는 현재 존재하고 있는 가속기의 위치 분해 능력으로는 점으로 보인다. 질량 스케일 약 1000억eV에 대응하고 약 1조분의 1㎝의 1만분의 1의 거리에 해당한다.

질량 스케일이 10배 이상이 되면 그것에 반비례하여 위치 분해 능력이 좋아진다. 이러한 단거리에서는 경입자나 쿼크 구조가 보일 가능성도 있다. 마침 1969년 슬랙의 실험에서 고에너지 전자와 핵자의 산란에서 핵자가 점 모양의 쿼크 등으로 되어 있는 것이 해명된 것과 같이 쿼크나 경입자가 기본 입자인가, 그렇지 않고 더 기본적인 입자의 복합체일 가능성은 없는가를 탐색할 수 있다.

더 높은 레벨의 대칭성은 존재하는가

1974년에 하버드 대학의 H. 조지와 S. 글래쇼는 강한 상호 작용과 전약 상호 작용을 결합하는 대통일 이론 GUT를 제안하였다. 이 이론에서 새로운 형의 게이지 입자 X의 질량은 대단히 크고 약게이지 보손의 질량의 약 10조 배로 추측된다($M_X \sim 10^{15}$GeV). 전하 $\pm\frac{1}{3}e$ 또는 $\pm\frac{4}{3}e$를 가지고 이 입자를 매개하여 양성자 붕괴 등이 일어나 그 붕괴 수명은 10^{30}년 이상이라고 예상된다.

이 질량 영역에서는 경입자 사이에서 작용하는 전약 상호 작용의 크기와 쿼크 사이에서 작용하는 강한 상호 작용의 크기는 같은 수준이 된다.

대통일 이론에서는 대칭성의 깨짐이 일어나기 때문에 대단히 질량이 큰 히그스 입자가 필요하다. 이 히그스 입자와 전약 상호 작용의 히그스 입자($M_H \sim 10^3$GeV)의 질량차가 대단히 크기 때문에 이론적으로 곤란한 문제가 생긴다. 이 곤란을 피하기 위하여 초대칭성 이론이 만들어졌다.

이 이론에서는 페르미 입자에 대응하여 스핀 0의 보손, 게이지 보손에 대응하여 스핀 $\frac{1}{2}$의 페르미 입자의 초대칭성 입자가 도입된다. 이들 입자의 질량은 100억eV 이상이라고 생각되지만 아직 발견되지 않았다.

과연 초대칭 입자는 존재하는가.

그 밖에도 모델이 제안되었는데, 모든 모델은 새로운 타입의 입자와 새로운 상호 작용이 1조eV의 에너지 스케일로 일어나는 것을 시사하고 있다.

XIII. 소립자 물리를 뒷받침해 온 가속기 기술

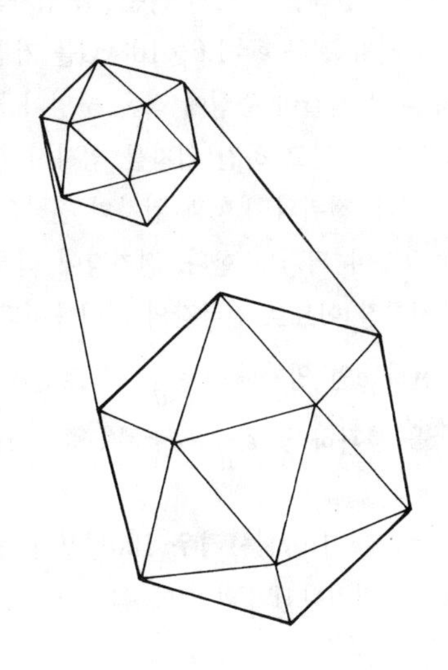

이 장에서는 소립자 물리의 연구에서 널리 사용되고 현재에도 사용되고 있는 가속기에 대해서 설명한다. 그림 12-1에 1930년부터 가속기의 빔 에너지의 증가와 연대의 관계를 보였다. 이 그림은 리빙스턴 파노프스키 플롯이라고 부르며, 가속기 기술의 진보에 의하여 가속 에너지가 10년마다 수십 배씩 증가하고 있는 것을 알게 된다. 1970년대부터 널리 이용되고 있는 충돌형 가속기 콜라이더는 충돌에 있어서 무게중심계 에너지의 증가를 가능하게 하였다.

하전 입자의 가속과 궤도 운동

전자기 유도를 이용하여 전자의 가속에 사용되는 베타트론을 제외하면 예외없이 하전 입자의 가속에는 전기장이 사용되고 빔, 즉 입자 다발의 수속(收束)과 궤도 운동의 제어에는 자기장이 사용된다. 특별히 양해를 구하지 않는 한, 입자의 전하는 1개의 양, 또는 음의 전자 전하 $e=1.6\times10^{-19}$C을 가진다고 한다.

그림 12-2에 보인 것같이 중심에 작은 구멍이 뚫린 2장의 전극판에 전압 V볼트를 걸고 하전 입자를 입사시키면 이 입자는 V볼트만큼 가속된다. 전위의 방향과 입자의 전하의 음양에 따라서 가속되거나 감속이 되기도 한다. 전기장에 작용하는 로렌츠 힘은 〔전하〕×〔전기장〕이므로 전극간의 거리를 d라고 하면 전위는 $\frac{V}{d}$가 되어 전하 e인 입자에는 $e\frac{V}{d}$ 의 로렌츠 힘이 작용한다. 따라서 전극을 통과하면 $e\frac{V}{d}\times d=eV$, 즉 VeV의 에너지를 얻는다.

따라서 100만eV로 가속하는 경우 100만V의 전위차가 있는 전극 사이를 통과시키거나 1개의 갭에서는 작은 전위차밖에 없

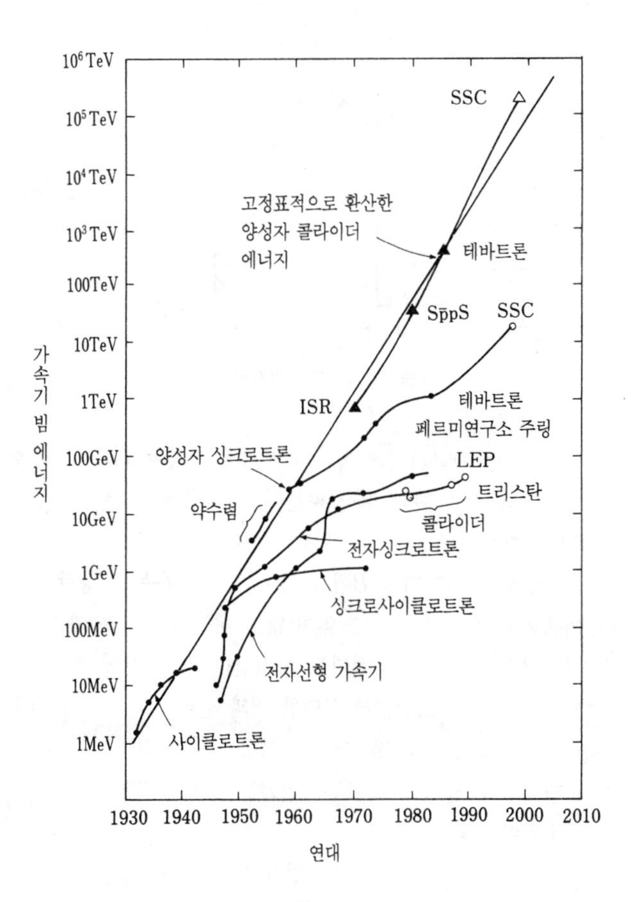

그림 12-1 가속기의 빔 에너지의 증가 관계를 나타내는 리빙스턴 파노프스키 플롯

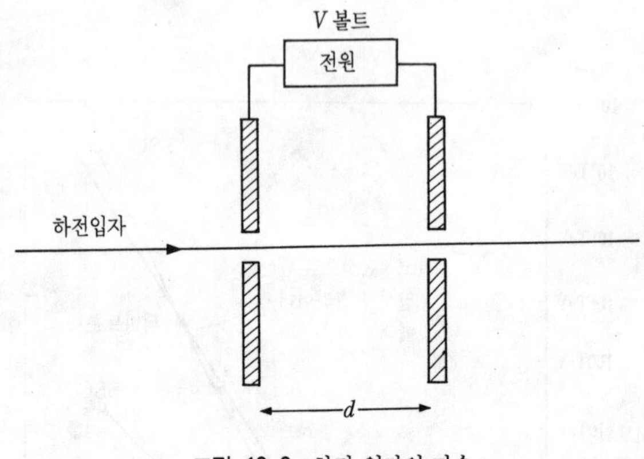

그림 12-2 하전 입자의 가속

는 경우 몇 번 반복하여 갭을 통과시켜서 더하여 100만V로 한다. 방전이나 절연 파괴 현상 때문에 100만V와 같은 고압으로 전극을 유지하는 것은 일반적으로 어렵다.

다음에, 균일한 자기장 B에서 하전 입자의 운동을 생각해 본다. 가속기의 경우, 일반성을 잃지 않기 때문에 입자는 자기장과 수직한 평면 내에서 운동한다고 가정한다. 이 경우에 자기장에 의한 로렌츠 힘은 Ⅲ장에서 설명한 것과 같이 evB가 된다. v는 하전 입자의 속도이다. 질량을 m이라고 하면 원심력 $\frac{mv^2}{R}$과 로렌츠 힘 evB의 균형에서 $\frac{mv^2}{R}=evB$를 풀어서 반지름 $R=\frac{mv}{eB}$의 원운동이 된다.

여기서 질량 m은 Ⅵ장에서 설명한 상대론적인 질량으로 정지 질량을 m_0라고 하면 $m=\frac{m_0}{\sqrt{1-(v/c)^2}}$이다. 입자의 운동량 p는 $p=mv$로 주어진다. v가 c에 가까워지면 m은 증대한다. 고에너지 가속기에서는 가속 에너지가 정지 질량보다 상당히 크므로 입자는 광속도 c에 가깝고 질량은 정지 질량보다 훨씬 크다. 예를 들면 빔 에너지 300억eV의 트리스탄에서는 $\frac{v}{c}$가 0.99999 999985가 되어 전자 속도는 진공 중의 빛의 속도에 한없이 접근되어 있고 질량은 정지 질량의 약 6만 배가 되어 있다.

입자의 전에너지 E는 VI장에서 설명한 로렌츠 불변량의 관계 $E^2-p^2c^2=m_0^2c^4$을 만족한다. 이제부터 문제로 하는 고에너지 가속기에서는 전에너지에 비해서 정지 질량은 무시할 수 있고 $E \fallingdotseq pc$가 성립한다. 이것은 마치 질량을 갖지 않는 광자나 중성미자의 경우와 같다. 전에너지와 운동 에너지 T 사이에는 $E=T+m_0c^2$의 관계가 있다. 보통 가속기의 에너지라고 하는 경우, 가속한 에너지에 대응하는 운동 에너지를 사용하는 일이 많다. 물론 고에너지에서는 전에너지와 운동 에너지가 본질적으로 같아지는데, 에너지가 낮은 입사계의 에너지 표시에서는 주의가 필요하다.

운동량의 단위는 에너지를 광속도 c로 나눈 값 〔eV/c〕인데 혼동되는 일이 거의 없으므로 질량을 에너지 단위로 나타내는 것처럼 이 장에서는 운동량을 에너지와 같은 eV로 나타낸다.

궤도 운동으로 되돌아가서 앞의 관계 $R=\frac{mv}{eB}=\frac{p}{eB}$를 간단한 단위로 고쳐 쓴다. 반지름을 m, 운동량을 10억eV(GeV), 자기장을 T(테슬라)의 단위로서

$$R(\mathrm{m})=p(\mathrm{GeV})/0.3B(\mathrm{T})$$

라고 표시할 수 있다. 예를 들면, 자기장이 1T, 운동량, 즉 에너지가 10억eV인 입자는 반지름 $\frac{1}{0.3}=3.33\mathrm{m}$의 원운동을 한다. 이 관계는 가속기의 에너지가 입자의 정지 에너지보다 충분히 클 때에 성립한다. SSC에서는 20조eV의 에너지로 6.55T의 자기장 세기를 가지므로 곡률 반지름은 1만 200m가 된다. 만일

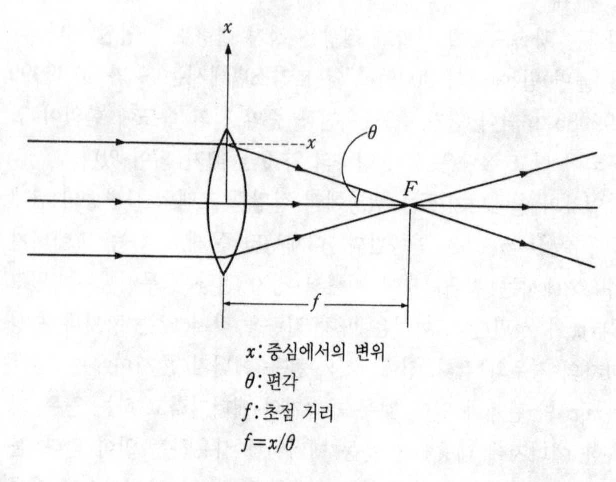

그림 12-3 광학 볼록 렌즈

원형이라고 하면 이것은 둘레 64km에 해당한다. SSC의 둘레가 87km인데 이것은 실험 장치의 설치 장소와 같이 전자석이 없는 부분이나 수속용 전자석이 장소를 차지하기 때문이다.

자기장 렌즈

광학 렌즈의 경우는 중심축에서의 변위 x에 비례하여 빛의 편각이 커지는 경우에 그림 12-3에 보인 것과 같이 평행으로 입사한 광선은 초점 F에 모인다. 하전 입자의 경우도 중심축에서의 변위에 비례하는 휘는 힘이 작용하는 경우에 렌즈의 작용을 한다.

4극 전자석이 이 렌즈의 기능을 가지고 있는 것을 보인다. 그림 12-4에 보인 것과 같이 xy평면에서 $xy=$일정의 조건을 만족하는 요크(철심)를 가진 전자석을 생각한다. 대칭인 4극으로

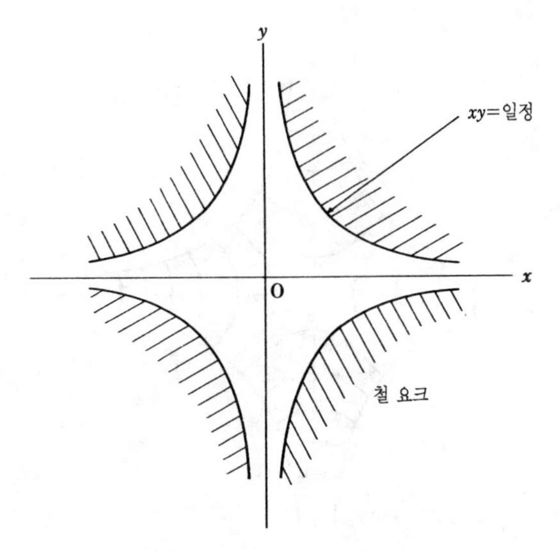

그림 12-4 4극 전자석

되어 있으므로 이것을 4극 전자석이라 한다. 이에 비하여 2개의 평평한 면을 가진 요크가 평행으로 놓인 전자석을 쌍극 전자석이라고 부르고, 이 경우는 요크면에 수직한 균일 자기장이 얻어지는 것을 덧붙인다. 전위인 경우에 도체 표면에서 전위가 일정하게 유지되는 것은 일정하지 않으면 도체 표면에 전류가 흘러나오는 것을 생각하면 직감적으로 이해할 수 있다. 자기장의 경우도 마찬가지로 요크 표면에서는 자위(磁位)가 일정하다. 즉, 자기장 방향이 요크면에 수직으로 되어 있다. xy=일정인 곡선 위에 일정한 자위 퍼텐셜을 가진 경우에 자기장은 그림 12-5에 보이는 것과 같이 되어 중심에서는 0이 된다. 또 x축 방향의 자기장 B_x는 y좌표에 비례하여 변한다. 즉 $B_x=gy$로 표시한다. 마

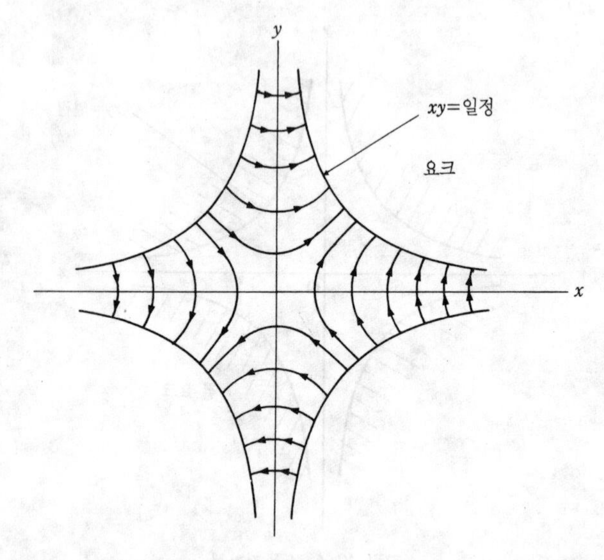

그림 12-5 4극 전자석의 자력선. $B_x=gy$, $B_y=g_x$

찬가지로 y축 방향의 자기장 B_y도 $B_y=gx$로 표시한다.

지금, xy평면에 직각인 x축, 그림에서는 화면의 뒤쪽으로부터 겉면을 향해서 양전하 e를 가지고 하전 입자가 v로 운동하는 경우를 생각한다. 이 입자는 로렌츠 힘과 왼손 법칙에서 자기장 $B_y=gx$에 의하여 중심 방향으로 $evB_y=egvx$의 x에 비례한 힘을 받는다. 이것은 바로 구하고 있던 자기장 렌즈로서 입자는 원점에서의 변위에 비례하여 원점 방향으로 휘어진다. 한편, 자기장 $B_x=gy$에 의한 y축 방향의 운동을 생각하면 이번에는 거꾸로 원점에서의 변위 y에 비례하여 원점에서 멀어지는 방향으로 휘어진다. 따라서 4극 전자석에서는 x축 방향에서 볼록 렌즈의 작용을 하면 y축 방향에서는 같은 초점 거리를 갖는 오목 렌즈로

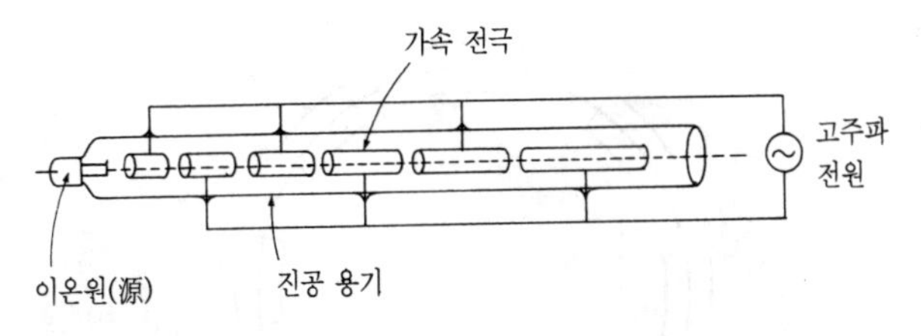

그림 12-6 선형 가속기의 개념도

서 작용한다.

광학 렌즈의 경우는 축대칭에 볼록 렌즈, 또는 오목 렌즈를 만들 수 있는데, 4극 전자석에서는 한 방향에서 볼록 렌즈이면 그 직각 방향에서는 반드시 같은 세기의 오목 렌즈가 되고 있다. 볼록 렌즈와 오목 렌즈를 떼어버릴 수는 없다. 한 평면에서 수속시키면 다른 평면에서는 발산하게 된다. 이 성질이 뒤에서 설명하는 강수렴 가속기의 발명을 중요하게 생각하는 이유이다.

이것으로 전기장에 의한 하전 입자의 가속과 균일 자기장에 의한 궤도 운동, 4극 전자석에 의한 렌즈 작용에 관한 기초 지식이 갖춰진 것이 된다.

선형 가속기와 원형 가속기

고에너지 가속기를 형상으로 구분하면 선형형(그림 12-6)과 원형형(그림 12-7)이 된다. 선형형은 일직선상에 가속 전극을 배열한 것으로 높은 가속 에너지를 얻기 위해서는 가속 전극을 늘리면 된다. 전극에는 입자가 통과할 때, 제대로 가속 방향으로 전압이 걸리도록 고주파 전원이 사용된다. 문제는 가속기의 길이가 거의 에너지에 비례하여 길어지는 일이다.

한편, 원형 가속기는 전자석으로 하전 입자를 원운동시켜 일

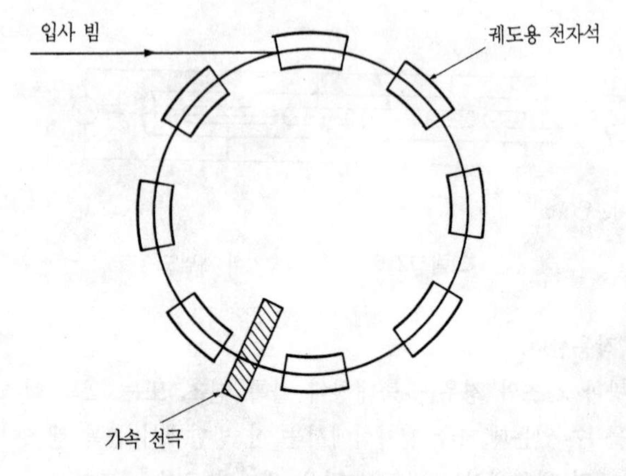

그림 12-7 원형 가속기의 개념도

정한 장소에 놓인 가속 전극으로 반복 가속을 한다. 예를 들면 지름 1km의 원형 가속기에서는 고에너지 입자는 거의 광속도가 되어 있으므로 1초에 약 10만 번 회전한다. 따라서 효율적으로 가속 전극을 사용할 수 있다.

로렌스의 사이클로트론

소립자의 실험과는 직접 관계하지 않았으나 고에너지 입자 가속의 기초를 구축하였다고 하는 양성자 또는 중입자 가속기 사이클로트론에 대해서 설명한다.

균일 자기장 B 속에서는 $R=\frac{mv}{eB}$의 관계가 있었다. 이것에서 매초의 회전수 f는 속도를 원주로 나누어 주어지므로 $f=\frac{v}{2\pi R}=\frac{eB}{2\pi m}$가 된다. 따라서 m이 일정하면 회전수 f는 일정하게 된다. 1930년에 미국 캘리포니아 주 버클리에서 로렌스는 이 자기장 공명 현상을 이용하여 그림 12-8, 12-9에 보인 것과 같

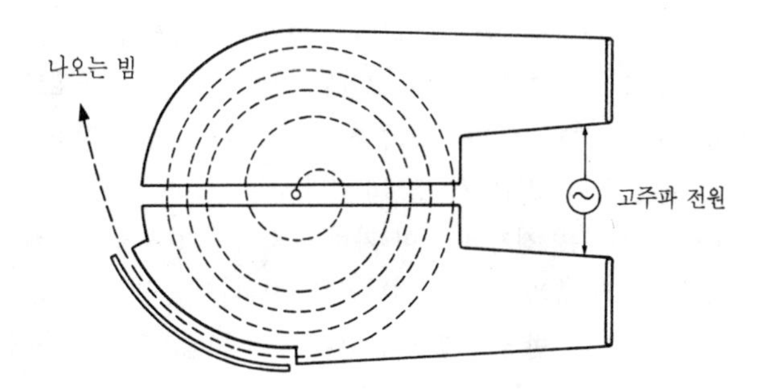

그림 12-8 사이클로트론 전극과 빔 궤도의 개념도

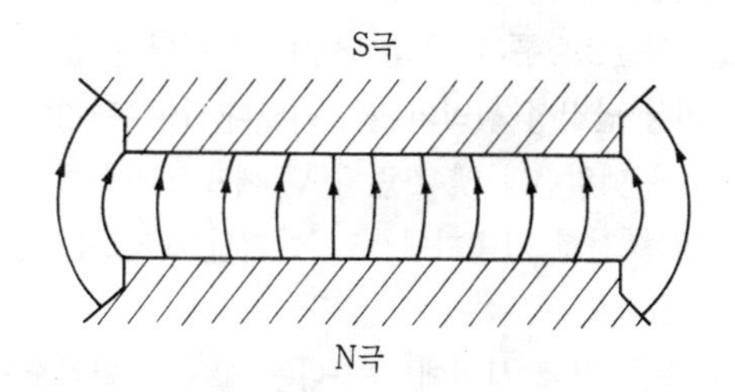

그림 12-9 사이클로트론 전자석의 단면도 및 자기장 분포

이 균일 자기장을 가진 전자석 중에 D형을 한 2개의 전극을 가진 사이클로트론을 고안하였다. 회전수와 같은 주파수의 고주파 전기장에 의하여 중심에서 입사된 양성자는 가속되면서 나선 모양으로 반지름을 크게 한다. 최대 반지름에 도달한 후에 전자석의 외부로 꺼내어 실험에 사용한다.

사이클로트론에서는 질량이 일정한 경우는 공명 현상이 성립되는데, 에너지가 높아지고 상대론적 효과가 나타나면 공명이 깨진다. 예를 들면, 양성자의 경우는 2000만eV까지 가속되면 회전 속도가 약 2%만큼 감소하여 가속이 곤란하게 된다.

이 곤란을 해결하기 위하여 고안된 것이 싱크로사이클로트론이며 가속이 진행됨에 따라 고주파 전기장의 주파수를 감소시킨다. 그 예는 이미 Ⅷ장에서 소개하였다.

사이클로트론은 전자와 같이 가벼운 입자의 가속에는 부적당하다. 상대론적 효과가 낮은 에너지가 나타나서 공명 현상을 깨뜨리기 때문이다. 반면에 헬륨과 같이 무거운 입자의 가속은 쉽게 가능하다.

위상 안정성의 원리

싱크로사이클로트론의 개발 연구에서 대단히 중요한 역할을 한 것이 위상 안정성 원리의 발견이었다. 1944년경에 독립적으로 미국의 E. 맥밀런과 옛 소련의 V. 베크스러에 의해서 이루어진 이 원리는 선형 가속기에서도, 여기서 설명하는 싱크로트론에서도 중요하다.

입자 가속은 전극 사이에 나타나는 고주파 전기장에 의하여 이루어지는데, 이것을 파도타기에 비유할 수 있다. 숙련된 서퍼는 좋은 파도가 올 때까지 기다려 타이밍 좋게 빠른 속도로 파도를 타고 나아간다. 타이밍을 놓치면 파도타기에 실패한다. 입자 가속에서는 일련의 가속 전극의 갭이 있고 그 각 갭으로 타이밍 좋게 파도를 타는 것처럼 한다. 이것을 몇 번 반복하게 되는데 과연 파도타기에서 타이밍을 놓치는 것과 같은 일은 일어나지 않는가. 도중에서 이것이 일어나면 입자 가속에 실패한다.

위상 안정성 원리에 의하면 파동의 상부 중복에 안정점이 있고 그 점에서 위쪽으로 벗어나거나 아래쪽으로 벗어나면 그 안정점으로 되돌아가는 복원력이 작용한다. 입자는 언제나 이 안정점을 중심으로 하여 시계의 흔들림과 같이 운동하게 된다. 맥밀런과 베크스러는 이 원리를 수학적으로 증명하였다. 따라서 적당한 조건을 주면 입자를 가속 상태에서 잃지 않고 가속할 수 있다.

싱크로트론

싱크로트론은 입자를 원 모양의 일정한 궤도상에 회전시켜 가속한다. 사이클로트론이나 싱크로사이클로트론에서는 중심 가까이에 입사한 입자가 거의 균일한 자기장 속에서 나선 모양으로 회전하면서 가속된다. 이에 비하여 싱크로트론에서는 어느 정도까지 가속된 입자를 자기장의 낮은 원형 궤도에 입사시켜 같은 원 궤도상에서 자기장을 올리면서 가속한다. 전자, 양성자 등 광범위하게 이용되고 있다.

빔의 수속(收束)

가속기에서는 가속 에너지와 마찬가지로 빔의 세기가 중요하다. 입사한 입자를 될 수 있는 대로 높은 효율로 높은 에너지까지 가속할 수 있는가 어떤가가 중요한 과제가 된다.

중심 궤도에서 조금 벗어난 입자를 원래의 궤도에 되돌리는 데 복원력이 필요하며 자기장 렌즈가 사용된다. 앞에서 설명한 것과 같이 자기장 렌즈는 직각 방향에서 오목, 볼록 어느쪽이든 렌즈 작용을 하므로, 예를 들면 수평면 내에서 볼록 렌즈를 사용하여 빔이 모아지면 수직 방향에서는 오목 렌즈의 작용으로 빔은 발산한다.

초기의 싱크로트론에서는 4극 전자석과 같은 강한 렌즈 작용을 가진 것은 사용하지 않고 수평면과 수직면에서 동시에 수속

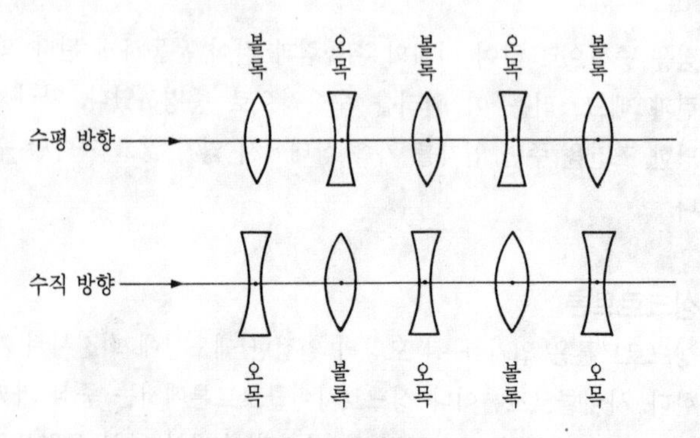

그림 12-10 강수렴법의 렌즈 배치

작용을 가진 자기장 분포가 이용되었다. 미묘한 자기장의 조정에 의하여 이 조건을 만족하는 해가 발견되는데 수속 작용이 약하므로 약수렴법, 또는 제로 물매법이라고 부른다.

1952년에 브룩헤이븐에서 E. 쿠란, S. 리빙스턴, H. 스나이더에 의하여 획기적인 강수렴법이 발명되었다. 이 발명은 20세기 후반의 비약적인 가속기 기술의 진보와 소립자 물리의 진전을 가능하게 했다고 말할 수 있다. 이 원리는 1950년 그리스의 전기 기술자 N. 크리스토피로스가 특허 신청을 낸 탓인지 노벨상을 받지 못한 것이 아이러니컬하다.

강수렴법

이 원리는 간단히 설명하면 수평면 내에서 볼록 오목 볼록 오목……과 같이 교대로 볼록 오목 렌즈를 놓고 수직 평면 내에 그 반대로 오목 볼록 오목 볼록……과 같이 배열한다(그림 12-10). 렌즈의 세기를 적당히 선택함으로써 수평과 수직 양 평면 내에서 빔의 퍼짐이 커지지 않는 해를 유도할 수 있다. 볼록 오목 양 렌즈를 교대로 배열하는 데서 교대 물매 싱크로트론이라 고도 부른다.

이 방법에서는 초점 거리가 짧은 강한 렌즈를 사용할 수 있으므로 빔의 단면적을 작게 유지할 수 있다. 이것은 실용면에서 대단히 중요한 의미를 가지며 가속기의 전자석 단면적을 작게 만들 수 있다.

약수렴법 가속기에서는 전자석이 거대화되지 않을 수 없으므로 가속기의 건설비가 에너지의 약 3제곱에 비례하였다. 즉 에너지를 10배로 하는 경우 약 1000배의 건설비가 필요하였다. 강수렴 가속기에서는 에너지가 높아질수록 빔 단면적이 작아지기 때문에 전자석을 소형으로 할 수 있다. 그 결과, 가속기의 건설비가 에너지에 비례하거나 오히려 싸게 먹히게 되었다. 즉 에너지를 10배로 하면 거설비는 10배 이내가 되었다. 강수렴법의 발견은 대형 가속기에 있어서는 위대한 발견이었다.

표 12-11에 약수렴과 강수렴형 양성자 가속기의 대표적 예에 대하여 파라미터를 보였다. 이 표에는 초전도 테바트론이나 SSC를 포함하고 있지 않다. 옛 소련의 사라토프의 가속을 제외하고 전자석에 사용된 철의 양과 가속 에너지의 비가 뚜렷하게 그 효과를 나타내고 있다. 옛 소련의 도브나의 가속기는 최종적으로는 설계 에너지에 도달하였는데, 빔 세기는 설계값의 1000분의 1 정도에 그치고 고에너지 가속기로서는 초기 목적을 달성하지 못한 드문 케이스이다.

고에너지 가속기뿐 아니라 대형 과학 장치의 건설은 많은 미지의 문제를 포함할 가능성이 있다. 그 때까지 알아차리지 못한 문제는 없는가. 각 부분부분의 검토는 충분해도 과연 전체로서 문제는 없는가. 미경험에서 일어나는 실패를 피하기 위하여, 예

표 12-11 양성자 싱크로트론

가속기	에너지 (GeV)	전자석(t) 철	전자석(t) 구리	전력 (MW)	철무게/에너지 (t/GeV)	수렴법
베타트론(미)	6	9,700	345	6	1,600	약
도브나(옛 소련)	10	3,600	–	13	360	약
ZGS/ANL	12	4,700	68	10	390	약
AGS/브룩헤이븐	33	4,000	400	2.4	120	강
PS/세른	28	3,000	139	2.8	110	강
사라토프(옛 소련)	76	20,000	알루미늄 700	15	260	강
페르미연구소	400	9,000	850	36	23	강
SPS/세른	400	13,500	1,400	36	34	강
KEK-PS	12	680	30	4.5	57	강

를 들면 10분의 1 정도의 프로토 타입(표본)을 건설하여 설계 개념의 타당성을 검토하는 것이 일반적인 방법이다.

흉내내는 것은 간단하고, 특히 고에너지 입자 가속기같이 성공이나 실패에도 불구하고 세계의 기술 개발이 세부에 걸쳐 경쟁하는 분야에서는 특히 그렇게 말할 수 있다. 필자가 아는 한에서는 강수렴 가속기의 프로토 타입적 역할을 다한 것이 미국 코넬 대학의 13억eV의 전자 싱크로트론이다. 1960년에 도쿄(東京) 대학 원자핵 연구소에서 완성되어 행인지 불행인지 현재도 가동되고 있는 일본 최초의 고에너지 가속기인 전자 싱크로트론 ES는 코넬 대학의 복제라고 할 수 있다.

코넬 대학의 13억eV의 전자 싱크로트론은 필자가 코넬 대학에 입학한 다음해, 1963년경에 22억eV의 전자 싱크로트론으로 개조되고, 다시 1965년에는 100억eV의 전자 싱크로트론의 건설이 시작되었다. 어느 단계에서 낡은 효율의 나쁜 것을 버리고 새롭고 보다 고성능의 장치로 전환하는 미국인의 과학에 대한 용기 있는 태도를 실제로 볼 기회에 접했다.

당시, 후에 페르미 연구소 소장이 된 R. 윌슨이 코넬 대학 원자핵 연구소의 소장이었고, 그의 리더십 아래 결정이 이루어지고 실행에 옮겨졌다. 코넬 대학의 원자핵 관계의 연구자 사이에서는 매주 금요일 오후 3시 반경에 커피 타임, 그후 세미나가 열렸다. 때로는 가속기 설계에 종사하는 겨우 한 사람이나 두 사람의 연구자가 다음 가속기의 설계 상황을 설명하는 세미나가 열리면 세계적으로 고명한 이론 물리학자 H. 베테라도 노트하거나 질문하는 광경이 이상하지 않았다.

충돌형 가속기 콜라이더와 무게중심계 에너지

1970년 이전의 고에너지 가속기는 모두 가속된 빔을 밖으로 꺼내서 직접 반응에 사용하거나, 1차 표적을 조사하여 생기는 2차 입자, 또는 2차 입자의 붕괴에 의해서 생기는 입자를 고정된 표적에 충돌시키는 실험이었다. 고정 표적의 실험에서는 입사입자의 에너지가 높아지면 반응에 유효한 무게중심계 에너지는 커지지 않는다. 그래서 1970년대부터 효율 좋게 높은 무게중심계 에너지를 얻는 콜라이더 기술이 급속히 진보하였다.

소립자 반응에서 중요한 파라미터의 하나는 무게중심계 에너지이다. 무게중심계 에너지가 높을수록 높은 에너지의 미지 입자를 생성할 수 있다. 그래서 고정 표적 실험과 충돌형 실험의 무게중심계 에너지를 비교한다.

설명을 간단하게 하기 위해 정지 질량 M_1의 동일 입자를 생각한다(그림 12-12). Ⅵ장에서 설명한 것과 같이 에너지와 운

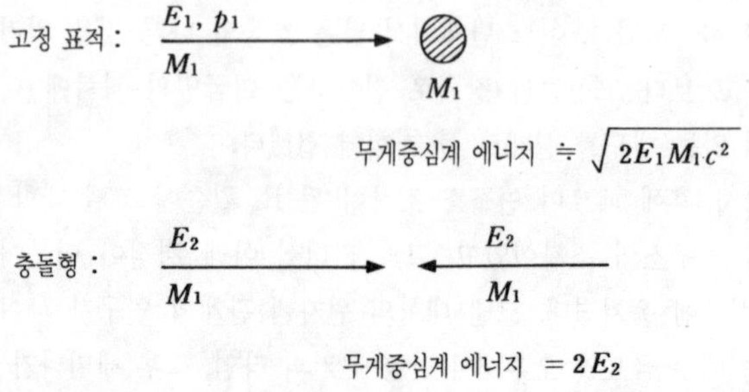

고정 표적 : E_1, p_1 M_1 → M_1

무게중심계 에너지 $\fallingdotseq \sqrt{2E_1M_1c^2}$

충돌형 : E_2 M_1 → ← E_2 M_1

무게중심계 에너지 $= 2E_2$

그림 12-12 고정 표적 실험과 충돌형 실험의 무게중심계 에너지의 비교

동량 사이에서 성립하는 로렌츠 불변량이 계의 무게중심계 에너지의 제곱에 비례한다. 즉

〔무게중심계 에너지〕^{2}=〔에너지의 합〕^{2}−〔운동량의 합〕$^2c^2$

이 성립한다. 또 에너지 E_1은 정지 질량 에너지 M_1c^2에 비하여 대단히 크고 운동량 p_1은 근사적으로 $E_1=p_1c$로 주어진다.

(a) 고정 표적의 경우

에너지의 합$=E_1+M_1c^2$

운동량의 합$=p_1=E_1/c$

(무게중심계 에너지의 합)$^2=(E_1+M_1c^2)-p_1^2c^2$

$\fallingdotseq 2E_1M_1c^2+M_1^2c^4$

$\fallingdotseq 2E_1M_1c^2$

따라서 (무게중심계 에너지)$=\sqrt{2E_1M_1c^2}$ 이다.

(b) 충돌형의 경우

에너지의 합$=E_2+E_2=2E_2$

운동량의 합$=p_2-p_2=0$

(무게중심계 에너지의 합)$^2=(2E_2)^2$

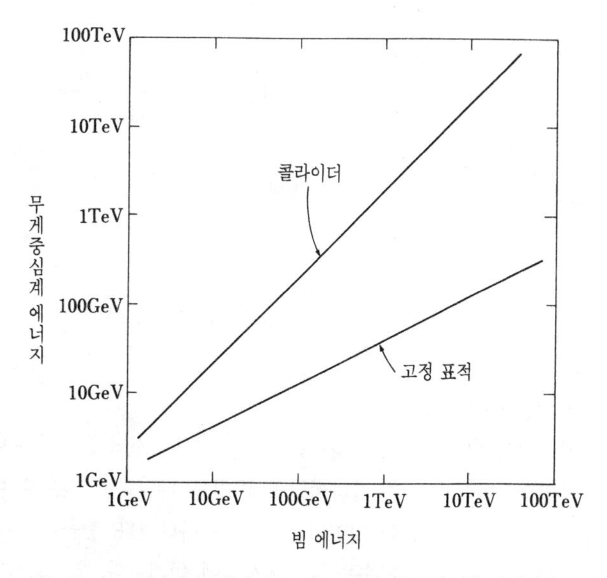

그림 12-13 양성자 가속기의 고정 표적과 충돌형 빔 에너지와 무게중심계 에너지의 관계

따라서 충돌형에서 무게중심계 에너지는 $2E_2$가 된다.

상대론적 효과를 이해하기 위하여 전자·양전자 콜라이더 트리스탄을 예로 생각한다. E_2는 300억eV이므로 무게중심계 에너지는 600억eV이다. 지금, 이 무게중심계 에너지를 고정 표적 실험에서 얻기 위하여 필요한 빔 에너지를 계산해 본다. M_1c^2은 50만eV이므로 $\sqrt{2E_1M_1c_1}=2E_2$를 사용하여 E_1은 36×10^{14}eV가 되어 트리스탄의 빔 에너지 300억eV의 12만 배에 해당한다. 그림 12-13에 빔 에너지와 무게중심계 에너지의 관계를 양성자 가속기의 고정 표적과 충돌형의 경우에 대해서 보였다.

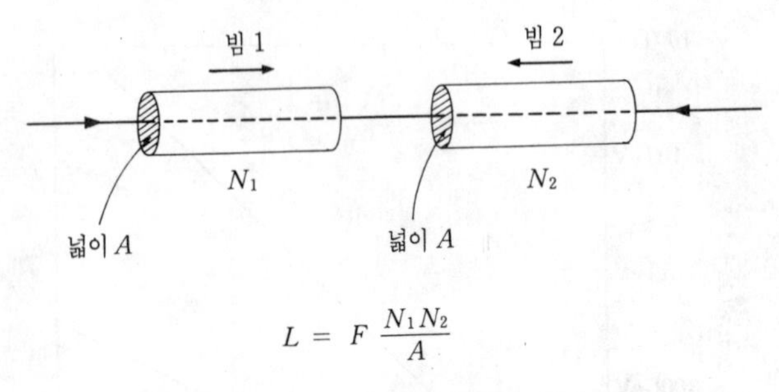

$$L = F\frac{N_1 N_2}{A}$$

그림 12-14 콜라이더의 루미노시티

루미노시티(밝기)

에너지와 마찬가지로 콜라이더에서는 루미노시티 L이 중요한 파라미터이다. 이 양은 콜라이더의 밝기를 나타내는 것으로 매초 단위 면적당 충돌이 일어나는 횟수를 나타낸다. 충돌에 의하여 반응이 일어나는 횟수는 루미노시티에 비례한다. 루미노시티가 높을수록 드문 현상도 관측될 수 있게 되므로 높은 루미노시티의 가속기가 바람직하다. 거꾸로 루미노시티가 낮은 가속기는 흥미있는 반응을 얻기 어렵기 때문에 가치가 낮게 된다.

지금, 그림 12-14에 보이는 것과 같이 빔의 진행 방향에서 보아 같은 단면적 A를 가진 2개의 빔의 충돌을 생각해 본다. 빔 1은 N_1개, 빔 2는 N_2개의 입자를 가지고 있다고 하면 루미노시티는 $\frac{N_1N_2}{A}$로 빔이 매초 충돌하는 횟수 F에 비례한다. 즉 $L=F\frac{N_1N_2}{A}$의 관계가 있다. 따라서 루미노시티를 크게 하기 위해서는 빔의 입자수(N)를 크게 하고 충돌점에서 빔의 단면적(A)을 최소화하고 다시 충돌하는 횟수(F)를 많게 하면 된다. 콜라이더의 기술 개발은 바로 이 점에 집중되고 있다.

빔 수명

싱크로트론 가속기에서는 같은 빔으로 몇 번이나 충돌을 반복하므로 실험이 효능 좋게 실시되기 위해서는 빔 수명이 충분히 길 필요가 있다. 잔류 기체에 의한 산란에서 빔 입자를 잃지 않도록 초고진공이 불가결하게 된다. 또 빔 궤도의 안정성도 중요하여 빔끼리의 전기적 상호 작용이나 빔과 빔 파이프 등의 유도 전류에 의한 상호 작용 등에 의하여 빔 손실을 피하는 것이 요구된다.

도달 에너지의 한계

가속기가 도달할 수 있는 에너지의 한계는 가속기의 유형과 가속하는 입자에 관계된다.

(a) 전자 싱크로트론

전자 싱크로트론에서는 싱크로트론 복사에 의한 에너지 손실이 가장 중요하다. IV장의 러더퍼드의 원자 모형에서 설명한 것과 같이 가속도를 가지고 운동하고 있는 하전 입자는 전자기파, 즉 빛을 방출한다. 싱크로트론에서 복사 에너지는 입자의 에너지의 4제곱에 비례하고, 곡률 반지름에 반비례하며, 입자의 정지 질량의 4제곱에 반비례한다. 따라서, 질량이 가벼운 전자나 양전자에서는 대단히 중요하게 되고 일주하는 동안에 잃은 에너지 ΔE는

$$\Delta E(\mathrm{MeV}) \fallingdotseq \frac{E^4(\mathrm{GeV})}{10000R(\mathrm{km})}$$

로 주어진다. 트리스탄에서는 $E=30$에서 $R=0.35$이므로 $\Delta E \fallingdotseq 200$이 되어 매주 약 2억eV의 에너지를 잃으므로 그 몫만큼 언제나 가속시켜야 한다. 200MV의 가속은 기술적으로도 경제적

으로도 한계에 가깝다고 하겠다.

이 가속 전압이 전자 싱크로트론의 최대 가능 에너지를 결정하며 자기장 세기는 비교적 낮다.

(b) 양성자 싱크로트론

이 장의 첫머리에서 주어진 관계식 $R=\frac{p}{eB}$에서 양성자 에너지는 전자석의 자기장과 싱크로트론의 반지름에 의해 결정된다. 전자 싱크로트론의 경우와 달리 양성자의 질량이 크기 때문에 싱크로트론 복사는 현재까지 문제가 되지 않았다.

고자기장을 얻기 위하여 초전도 전자석이 개발되어 페르미 연구소 테바트론에서 그 실용성이 증명되었다. 보통 사용되는 구리나 알루미늄 도체에서는 겨우 2T가 한계였는데 테바트론 전자석에서는 4.5T까지 높아졌다. 또한 그 후의 연구 개발에 의하여 SSC에서는 6.5T의 자기장을 갖는 대형이며 고성능인 전자석의 대량 생산이 가능하게 되었다. 보다 높은 자기장을 가진 10T의 전자석의 개발도 활발히 진행되고 있는데 대형 가속기에 사용될 수 있는가는 더 연구 개발이 필요하다.

초전도 전자석에서는 니오브-티탄 선재(線材)가 주로 사용된다. 근년에 화제가 된 고온 초전도 선재로서의 가능성은 없는가. 현 단계에서는 가속기와 같이 고전류, 고자기장인 경우에 선재에 가해지는 기계적인 힘이 강대한 것과 고성능 자기장 분포가 요구되기 때문에 고온 초전도 선재의 사용은 전혀 예측할 수 없다고 하겠다. 예를 들면, 6.5T의 자기장에서는 맥스웰 응력이 170atm(기압)이나 되어 이 기계적 스트레스에 견딜 필요가 있다.

니오브-티탄 선재는 액체 헬륨 온도, 즉 -268℃ 근방에서 사용되므로 냉각 효율이 낮다. 따라서 비교적 낮은 싱크로트론 복사 에너지라도 냉각이라는 점에서 문제가 되고 SSC에서는 그것이 무시할 수 없는 수준이 되어 있다.

(c) 선형 가속기

당연한 일이지만 선형 가속기는 싱크로트론 복사가 없기 때문에 고에너지 전자·양전자 콜라이더의 유망한 후보이며 현재 세계 각지에서 그 연구 개발이 진행되고 있다.

최대의 문제는 가속한 빔을 1번의 충돌로 버리게 되므로 어떻게 하여 적당한 루미노시티를 얻을 수 있는가이다. 앞에서 주어진 관계 $L=F\frac{N_1N_2}{A}$에서 F, N_1, N_2에는 간단히 이해할 수 있는 기술적인 한계가 있으므로 극력 충돌점에서의 빔 단면적을 작게 하는 것이 고려되고 있다. 빔의 폭을 100만분의 1㎝나 또는 그 이하로 줄이는 안도 제출되고 있는데 물리적 기본 법칙과 모순되지 않으므로 불가능하지 않다고 한다. 좌우의 독립된 선형 가속기에서의 작은 빔을 어떻게 하여 충돌시키는가, 지반의 진동은 어떤가 등 해결해야 할 문제가 많이 있다.

또 건설비나 토지 문제도 있고 짧은 가속관으로 높은 가속을 할 수 있게 고전기장 가속관의 개발도 진행되고 있다.

몇 년 전까지는 선형 콜라이더로 충돌 후 360° 회전시켜서 빔을 재이용하는 안도 나왔지만 빔을 작게 조여서 충돌시키면 빔끼리에 의한 전기적 산란 때문에 재이용이 불가능하게 되는 것이 분명하다.

이미턴스

입자 빔은 아무리 노력해도 완전히 평행하게 할 수 없고, 또 빔을 렌즈로 아무리 줄여도 유한한 크기를 가지고 있다. 그림 12-15에 수평면(x축 방향), 위치(x)와 각도(θ_x)의 분포의 예를

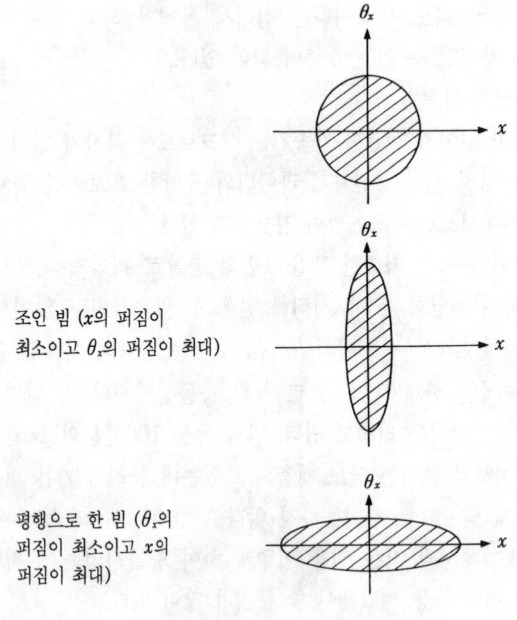

그림 12-15 이미턴스

보인다. 이러한 위치와 각도 그래프를 위상 공간도라고 한다. 위상 공간에 관해서는 유명한 리우빌의 정리가 있어서 그것에 의하면 교란을 수반하지 않는 운동에서 위상 공간의 넓이는 불변으로 유지된다. 이 넓이를 이미턴스라고 부른다. 지금 설명을 간단히 하기 위해 빔이 가속을 받지 않고 가속기 속에서 궤도 운동을 하고 있다고 한다. 전자기 렌즈에 의하여 수평면 내에서 빔을 조인 상태와 거꾸로, 될 수 있는 대로 평행으로 한 상태를 그림에 보였다. 조인 상태에서 빔은 큰 각도 분포를 가지며, 반대로 평행으로 하면 빔의 퍼짐은 커진다. 리우빌의 정리로 넓이

표 12-16 강입자 콜라이더

가속기	빔 에너지 (GeV)	입자	루미노시티 ($cm^{-2}s^{-1}$)	운전개시
ISR(세른)	30+30	pp	10^{31}~10^{32}	1971
S$\bar{p}$pS(세른)	310+310	p$\bar{p}$	>10^{29}	1982
테바트론 (페르미연구소)	900+900	p$\bar{p}$	>10^{30}	1985
UNK(옛 소련)	400+3,000	pp	10^{32}	>1994
LHC(세른)	8,000+8,000	pp	4×10^{34}	계획중
SSC(SSC연구소)	20,000+20,000	pp	10^{33}	1999

는 일정하게 유지된다.

이 가로 방향의 퍼짐은 입자가 가로 방향으로 작은 운동량 분포를 가지고 있기 때문이다. 이상적으로 빔을 가속하면 이 가로 방향의 운동량 분포를 그다지 변화시키지 않고 진행 방향만 가속할 수 있다고 하면 각도 분포는 빔 에너지에 반비례하여 작아진다.

가속기의 전자석은 한정된 구경을 가지고 있으므로 빔은 한정된 이미턴스를 가지며 어드미턴스라고 부른다. 따라서 가속기의 빔 세기를 올리기 위해서는 어드미턴스 내에 많은 입자를 가둬 둘 것이 요망된다. 이것은 가속기의 입사계에 의하여 결정된다.

위상 공간의 관점에서 약수렴형과 강수렴형을 생각하면, 약수렴형에서는 렌즈의 작용이 약하기 때문에 언제나 빔을 평행에 가깝게, 즉 위치 분포가 퍼진 상태로 유지하고 있으므로 큰 구경의 대형 전자석이 필요하다. 반대로 강수렴형에서는 빔을 언제나 조인 상태로 할 수 있으므로 같은 어드미턴스에 대하여 구경이 작은 전자석이라도 충분하다.

표 12-17 주된 전자·양전자 콜라이더

가속기	빔 에너지 (GeV)	루미노시티 ($cm^{-2}s^{-1}$)	운전 개시
SPEAR(슬랙)	4+4	$\sim 10^{31}$	1972
CESR(코넬;미)	8+8	$\sim 10^{32}$	1979
PETRA(함부르크)	22+22	$\sim 3\times10^{31}$	1978
PEP(슬랙)	18+18	$\sim 3\times10^{31}$	1980
트리스탄(고에너지 연구소)	30+30	$\sim 2\times10^{31}$	1986
SLC(슬랙)	50+50	$>10^{30*}$	1987
LEP(세른)	50+50	10^{31}	1988
	100+100		>1993

* 설계값

콜라이더

지금까지 건설되거나 현재 건설이 진행되고 있는 고에너지 콜라이더를 표 12-16, 12-17에 보인다. 또 무게중심계 에너지와 연대(年代)의 관계를 그림 12-18에 보인다. 다음에 전자·양전자 콜라이더, 양성자·반양성자 콜라이더, 양성자·양성자 콜라이더 등에 대하여 간단히 그 특징을 설명한다.

(a) 전자·양전자 콜라이더

1972년에 운전을 개시한 슬랙의 SPEAR가 본격적인 콜라이더의 효시로, 그후 고에너지 연구소의 트리스탄, 세른의 LEP가 지금까지 20년 가까이 훌륭한 성과를 남겼다. 전자·양전자 콜라이더는 같은 질량을 가지고 반대 전하를 가지고 있는 입자와 반입자를 동일 링에서 반대 방향으로 회전시켜 동시에 가속하여 충돌 실험을 할 수 있다.

전자와 양전자는 어느 쪽이나 구조를 갖지 않는 소립자로서 충돌에 의하여 가상적인 광자 상태를 지나 소립자, 즉 경입자와

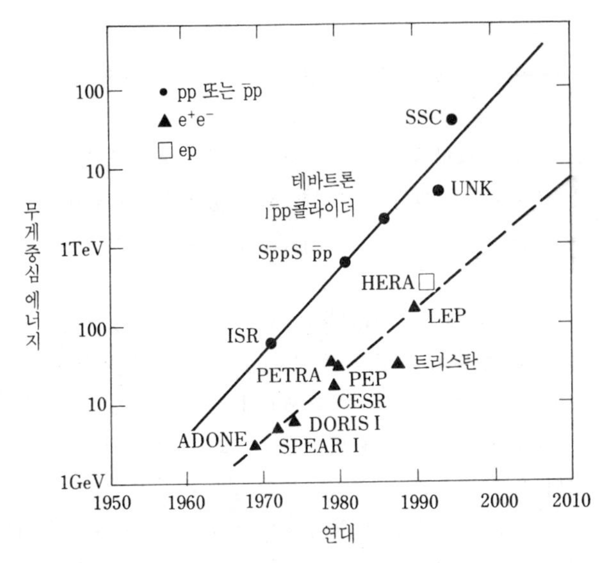

그림 12-18 콜라이더 시설의 무게중심계 에너지와 연대

반경입자쌍, 쿼크와 반쿼크쌍을 생성한다. 따라서 반응 과정이 아주 단순하여 소립자 반응과 같은 소과정 연구에 알맞다.

양전자는 보통의 물체에 존재하지 않으므로 전자를 가속하여 무거운 금속 표적에 조사하여 제동 복사에 의하여 생기는 고에너지 광자가 같은 표적 내에서 전자와 양전자로 쌍생성하였을 때의 양전자를 모아서 사용한다. 이러한 3차 입자를 어떤 일정 범위의 운동량으로 꺼내면 강도가 약한 데다 큰 각도 분포를 하고 있다. 그래서 높은 강도의 양전자 빔을 만들기 위하여 여러 가지로 고안되고 있다.

콜라이더에 입사하기 전에 보통 축적 링이라고 부르는 가속기로 양전자 빔을 축적한다. 축적 링에서 앞에 있는 빔이 있는 곳에 새롭게 입자 다발을 입사시키면 리우빌의 정리에 의하여 새로운 빔은 앞에 있는 빔과 같은 공간 위상을 차지할 수 없으므로 이미턴스가 커진다. 전자나 양전자 빔의 최대 이점은 싱크로트론 복사에 의하여 위상 공간의 불변성이 깨져서 이미턴스가 감소한다. 이것은 대단히 다행한 일로 싱크로트론 복사를 이용하여 높은 세기의 빔을 만들 수 있다. 축적된 빔을 콜라이더에 입사시킨 후 가속에 들어간다.

실험 성과를 올리기 위해서는 적분 루미노시티를 될 수 있는 대로 크게 할 필요가 있다. 루미노시티 $L = F\frac{N_1N_2}{A}$ 에서 F를 얼마만큼 크게 할 수 있는가를 생각해 본다. 트리스탄의 경우에 가속 공동의 주파수는 약 500MHz로 파도타기에서 설명한 안정점의 수는 원주 3km인 트리스탄의 링에서는 약 5000이 된다. 파도와 파도의 간격이 약 60cm에서 빔은 진행 방향에 이 파도 간격의 수%, 즉 약 수cm의 퍼짐을 가진 다발(번치)이 되어 있다. 즉 트리스탄에는 최대 약 5000개의 번치를 입사시킬 수 있게 된다. 그러나 루미노시티가 빔 세기의 곱에 비례하는 것과 전자와 양전자가 도중에 전기적 상호 작용으로 흩날리는 것을 피하기 위하여, 현재는 링의 대각선에 전자와 양전자 각각 2개의 번치로 묶어서 입사시켜 링의 대칭인 4개의 충돌점에서만 빔 충돌이 일어나게 하고 있다. 빔 입사에는 수십 분의 시간이 필요한 것과 빔의 수명이 2~3시간인 것을 고려하면 2개의 빔 번치를 4개로 늘리는 메리트는 그다지 없는 것 같다.

전자 싱크로트론과는 관계가 없지만 리우빌의 위상 공간 불변성의 원리를 피하기 위해서 양성자 가속기로 양성자에 전자를 부착하여 음이온으로 하여 양성자 선형 가속기로 가속하여 싱크로트론으로 입사하는 방법이 사용된다. 입사 때에 탄소 등의 박막을 통과시켜서 2개의 전자를 떼어 내어 양전하로 바꾼다. 이 방법에서는 같은 위상 공간에 겹쳐서 빔을 입사시킬 수 있으므로 이미턴스가 작은 빔을 만들 수 있다. 이 방법은 십수년 전에 페르미 연구소에서 실용화되었다.

(b) 양성자·반양성자 콜라이더

양성자·반양성자 콜라이더의 경우는 전자·양전자 콜라이더와 같이 1개의 양성자 가속기만으로 콜라이더를 구성할 수 있는 이점이 있다. 게이지 보손을 최초로 발견한 세른의 Sp̄pS콜라이더나 페르미 연구소의 테바트론은 양성자 가속기에서 출발하였다.

양전자와 달리 반양성자 빔을 만드는 것은 큰 일이다. 고에너지로 가속된 양성자 빔을 표적에 조사하여 생성되는 반양성자를 모으게 되는데 생성 확률이 작은데다 이미턴스를 조이는 데에 싱크로트론 복사와 같은 간편한 방법이 없다. 그러나 세른의 판데마이어 들에 의하여 개발된 이미턴스 냉각법이 성공을 거두어 양성자·반양성자 콜라이더가 물리 실험에 이용되기에 이르렀다.

이 방법은 폭넓은 각도와 에너지 분포를 하고 있는 10억 개 이상의 반양성자를 포함하는 빔을 위치 공간의 바깥쪽에 있는 입자에서 위치 신호를 꺼내어 위상 공간의 중심부로 되돌아 오도록 재빠른 킥으로 휜다. 이 조작에 의해서 다른 입자도 영향을 받지만 이것을 몇 번 반복하여 통계적으로 위상 공간에서의 퍼짐을 작게 할 수 있다.

양성자·반양성자 콜라이더는 양성자·양성자 콜라이더와 마찬가지로 빔 입자가 쿼크(또는 반쿼크)와 글루온의 복합 입자이기 때문에 쿼크－쿼크와 같은 소립자끼리의 단단한 산란 이외에 에너지가 다른 구성 입자에 의하여 상실된다. 따라서 효과적인 소과정으로 사용되는 무게중심계 에너지는 빔의 무게중심계 에너

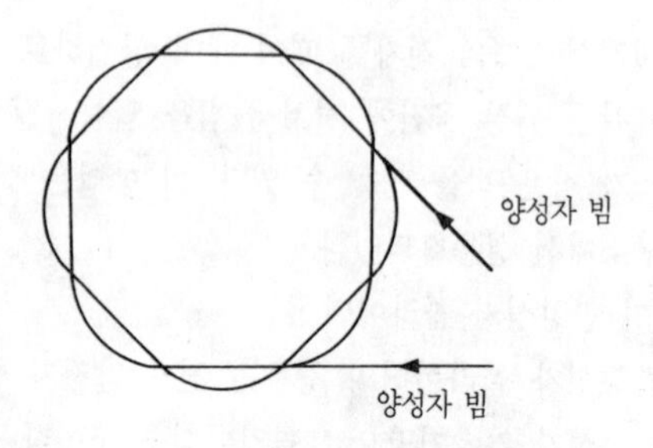

그림 12-19 세른-ISR 양성자·양성자 콜라이더

지의 6분의 1에서 10분의 1이 된다. 또한 소과정 반응에 관계하지 않는 입자도 반응 입자로 나타나므로 이벤트 해석이 조금 복잡하게 된다. 그러나 지금까지 실시된 $Sp\bar{p}S$나 테바트론의 실험에서 단단한 산란 과정의 이벤트는 충분히 검출할 수 있다는 것이 실증되고 있다.

(c) 양성자·양성자 콜라이더

최초로 건설된 양성자·양성자 콜라이더는 세른의 ISR로 빔 에너지가 300억eV였다. ISR는 1971년 완성되어 1984년까지 운전되었다. 대형 콜라이더로서는 최초로 완성된 콜라이더였다. 양성자·양성자 콜라이더에서는 동일 입자이기 때문에 1개의 링에서 반대 방향으로 회전시킬 수 없으므로 2개의 링이 필요하다. ISR에서는 2개의 링이 수평 방향에서 8번 교차하게 건설되었지만(그림 12-19), SSC에서는 수직 방향으로 교차하도록 되어 있다.

양성자·반양성자 콜라이더와 비교하여 2링이기 때문에 건설비가 높아지는데, 반양성자와 빔을 만드는 시설을 필요로 하지 않는 것과 초고에너지로 중요한 루미노시티를 높일 수 있는 이점이 있다. 쿼크와 반쿼크의 소멸 반응이 적어지므로 반응 과정의 종류에 따라서는 양성자·양성자 콜라이더가 불리한 점도 있지만 SSC와 같은 초고에너지에서는 그 차가 작고 높은 루미노시티에 의한 이점이 크다. 또 건설비에 대해서도 높은 빔 세기의 반양성자 빔 시설을 고려하면 그 차는 그다지 크지 않다는 결론이 얻어지고 있다.

SSC의 경우에 실험을 시작하여 루미노시티를 더 크게 할 필요가 있는 경우 양성자·양성자 콜라이더에서는 현재의 설계 루미노시티의 약 10배의 증가에는 원리적인 문제가 거의 없다는 것이 검토 결과 제출되어 있다. 그러나 양성자·반양성자 콜라이더의 경우 루미노시티 개선의 가능성은 확실하지 않다.

대형 양성자·양성자 콜라이더로서는 현재 아직 건설중에 있고 완성되지 않은 옛 소련의 사라토프의 UNK와 계획이 검토 단계에 있는 세른의 LHC가 있다.

(d) 전자·양성자 콜라이더

현재 독일에서 국제 협력에 의하여 건설중인 HERA가 최초의 예이다.

(e) 슬랙의 SLC

슬랙에서 건설된 전자·양전자 선형 콜라이더는 그림 12-20에 보인 것과 같이 슬랙의 3km 선형 가속기에서 전자와 양전자를 전후하여 가속시켜 원형 모양의 링에 좌우로부터 입사시켜 링의 반대쪽에서 충돌시킨다. 링은 가속이나 축적에 사용되지 않고 충돌시키기 위한 빔 경로이다.

이것은 선형 콜라이더로 빔은 1번 충돌 후에 버린다.

이 가속기의 운전 성공은 선형 전자 콜라이더의 장래에 대단히 중요하다고 생각된다.

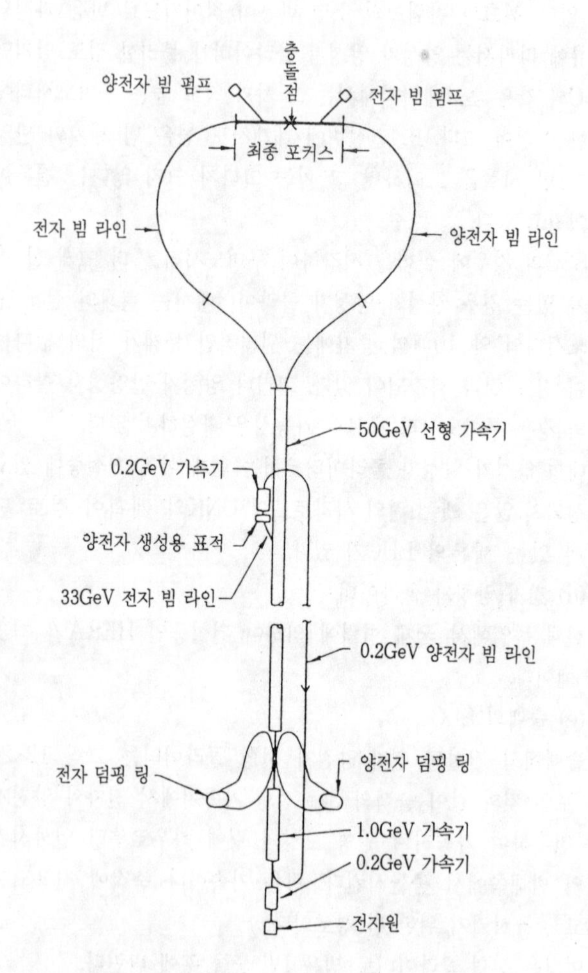

그림 12-20 슬랙, SLC의 개념도(Particle Accelerators vol. 26, p.35, B. Richter에서).

XIII. 페르미 연구소 테바트론

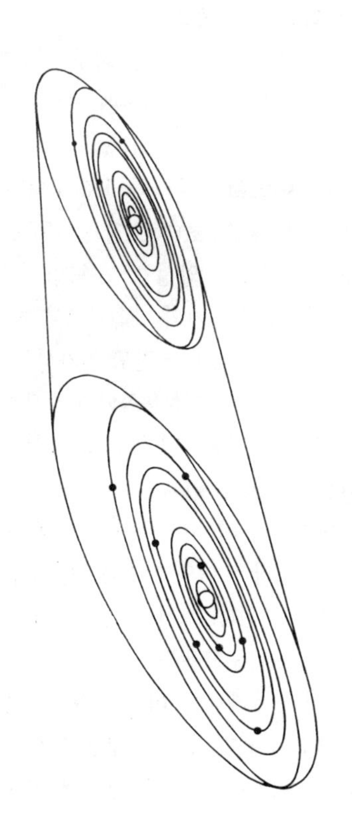

테바트론은 최초로 실용화된 대형 초전도 양성자 가속기로 바로 SSC의 프로토 타입에 해당한다. 테바트론의 성공 없이는 SSC의 구상도 생기지 않았다고 해도 과언이 아니다. 1970년대 후반에 초전도 전자석의 연구 개발도 최종 단계에 이르러 1979년에는 테바트론의 건설 프로젝트가 시작되었다. 그리고 1983년에 최초의 운전에 성공하였다.

에너지 세이버, 에너지 더블러

1982년에 SSC의 구상이 나왔는데, 이것은 오랜 희망이었던 대형 초전도 가속기의 기술이 테바트론에 의해서 실현되는 단계에 도달한 것과 밀접하게 관련되고 있다.

테바트론은 테라전자볼트(TeV), 즉 1조eV의 가속기라는 데에서 이름이 붙여졌다. 윌슨 초대 소장은 1970년 무렵에, 즉 4000억/5000억eV의 최초의 양성자 가속기(이하 주링이라고 부른다)가 운전하기 전부터 차기의 가속기로서 초전도 가속기를 진지하게 생각하였다. 당시 이미 초전도 전자석은 거품 상자 검출기의 대형 해석용 전자석으로 실용화되기 시작하였다.

또 브룩헤이븐에서도 초전도 전자석 그룹이 생겨 연구 개발을 진행시키고 있었다.

실험 장치가 대형화되어 해석용 전자석의 전력대가 늘기 시작한 것에 있어서 윌슨 소장은 대형 전자석에는 초전도 이외는 허가하지 않는 방침을 내세웠다. 그러나 연구소 내의 노동력을 모으거나 파트 타임 노동자를 고용하여 초전도 전자석 코일을 건설중이었으므로 언제나 스케줄에 대지 못하여 실험하는 연구자들의 불만이 높아지고 있었다. 윌슨 소장은 그후 새로 제작되는 전자석뿐 아니라 다른 연구 기관에서 옮겨온 수MW의 전력을 사용하는 30인치 안개 상자와 시카고 사이클로트론(사이클로트론으로서가 아니고 μ입자 실험의 해석용 전자석으로 사용되고 있었다)의 초전도화를 실행했다. 이들 활동은 단지 전력 절약면뿐 아니라 페르미 연구소 전체에 초전도 응용이라는 생각을 심어 놓은 점에서 중요한 스텝이었다.

한편, 가속기 전자석의 연구 개발도 활발히 진행되었다. 당초는 반양성자 빔의 가능성이 명확하지 않았으므로 전력 절약을 목적으로 하고, 거기에 에너지의 배증(倍增)을 노리는 가속기라는 데서 에너지 세이버 또는 에너지 더블러로 불리기도 하였다. 1970년대 후반에 들어서 양성자·반양성자 콜라이더의 이미지가 선명하게 되어 반양성자 빔의 연구 개발도 가속기와 병행하여 진행되었다. 에너지 더블러와 병용하여 테바트론이라고 불리게 되었다. 테바트론 프로젝트는 레더먼 전 소장에게 인계되어 1983년에 최초의 운전에 성공하였다.

테바트론의 성공은 그 자체의 가치도 높지만 초전도 전자석을 사용한 대형 가속기의 건설과 운전이 가능하게 된 것으로 보다 대형 SSC 건설의 길을 개척한 것은 의의가 깊다.

테바트론을 소개하기 전에 브룩헤이븐의 AGS 다음에 건설된 최초의 대형 가속기인 페르미 연구소의 주링의 건설, 운전 개시 시기에 필자가 경험한 에피소드를 소개한다.

지름 2㎞의 주링

1960년대 후반에 통상 전자석의 주링 가속기가 설계되었다. 당초는 브룩헤이븐의 330억eV의 양성자 가속기, AGS의 에너지를 약 1자리 올리는 계획이며 2000억~3000억eV를 목표로 하였다. 윌슨 교수가 초대 소장에 임명되고 나서 4000억/5000

그림 13-1 페르미 국립 가속기 연구소의 항공 사진. 큰 원 모양의 것이 둘레 6.3㎞의 주링(사진/페르미 국립 가속기 연구소 제공).

억eV의 가속기로 설계가 변경되었다. 이것은 통상 운전 4000억으로, 최고 에너지로는 5000억eV까지 가능하다는 것을 의미한다.

1977년에 페르미 연구소에서 레더먼, 야마우치(山内) 들에 의하여 보텀 쿼크가 발견되었을 때, 레더먼(후에 제2대 소장)이 특별 강연에서 3000억eV의 양성자로는 반응 확률이 작고 보텀 쿼크의 발견은 불가능하였을 것이라는 것, 4000억eV의 가속기까지 에너지를 올린 윌슨 소장의 공적을 찬양한 것에 깊은 감동을 느꼈다. 페르미 연구소의 주링을 만든 물리학상의 주된 목적의 하나는 약한 상호 작용을 매개한다고 생각되는 보손의 탐색이었다. 당시는 보손의 질량을 예언할 수 없었으므로 가급적 높은 에너지의 가속기가 요망되었다. 결과로서 보손 질량에는 크게 미치지 못했다.

페르미 연구소의 항공 사진(그림 13-1)을 보였다. 큰 원 모양의 것이 지름 2㎞의 주링이다.

통상 전자석 주링

원주 6㎞의 주링에 길이 6m의 쌍극 전자석이 774개, 4극 전자석이 240개 총계 1014개의 대형 전자석이 배치된다. 4극 전자석의 대부분은 길이가 약 2m이고, 약 10%는 약 1.5m이다. 그림 13-2에 현재의 터널 내의 사진을 보였다. 바닥의 바로 위에 놓인 것이 뒤에 설명하는 테바트론 링이며, 그 위에 있는 것이 통상 전자석 주링이다. AGS에서는 쌍극과 4극을 조합한 전자석, 즉 결합 기능형이었는데, 페르미 연구소에서는 쌍극과 4극 전자석을 따로따로 한 분리 기능 가속기를 채택하였다.

기본적인 패턴은 4개의 쌍극 전자석의 앞과 뒤에 놓인 볼록이나 오목의 1개의 4극 전자석으로 구성된다.

분리 기능형의 특징은 전에 도호쿠(東北) 대학 기타가키(北垣) 교수가 제안한 것으로, 그 뒤 모든 대형 가속기가 분리 기능형을 채용하고 있다. 이 분리 기능형에서는 원궤도와 렌즈를 독립적으로 제어할 수 있는 이점은 있으나 가속 중에 양쪽 전원이 정확하게 트래킹하도록 제어해야 한다. 페르미 연구소의 운전 개시에서는 역사상 최초의 계산기 제어에 의한 전원이었으므로 많은 어려운 문제를 해결해야 했다.

주링의 입사와 빔 꺼내기를 제외하면 6개의 똑같은 섹터 A, B, C, D, E, F로 구성된다. 입사계는 2억eV의 선형 가속기와 80억eV의 부스터 싱크로트론으로 이루어진다. 다단식 가속기는 대형 가속기의 특징으로 가속기의 최고 에너지와 입사 에너지의

그림 13-2 페르미 연구소의 주링 터널 내의 모습. 바닥 바로 위에 놓인 것이 테바트론 링, 그 위가 통상 전자석 주링 (사진/페르미 국립 가속기 연구소 제공).

비가 너무 크면 입사가 어렵고 빔 손실이 커지기 때문이다.

전자석의 고장

필자는 1971년 1월에 페르미 연구소 가속기부에 취직하였다.

당시 가속기부에는 야마다(山田隆治) 씨, 가속기 이론에 오누마(大沼昭六) 씨가 있어서 그후 여러 가지로 지도해 주었다.

A섹터의 전자석 설치가 진행되고 있을 때로 2월 26일 A섹터만의 최초의 빔 시험이 실시되었다. 2일 간의 테스트에서 섹터의 맨 뒤에서 빔을 확인할 수 있었다. 필자로서는 싱크로트론의 시험 운전은 처음 경험이었으므로 아직 진짜 어려움은 실감하지 못하였다.

4월 22일에 2개의 전자석의 쇼트가 처음으로 발견되었다. 코일 절연이 파괴되어 대지와 쇼트되어 전압을 걸 수 없는 상태였다. 그 후에도 전자석 고장이 계속되어 쇼트된 전자석을 찾아내어 교환하는 작업이 계속되었다. 결국 그후 2년 정도 사이에 약 반수의 전자석이 고장나서 교환되었다.

쇼트된 전자석을 바르게 정하는 것도 처음에는 꽤 힘들었다. 쌍극 전자석의 경우는 774개의 전자석이 한 회로를 만들어 1개소만 접지하여 전체를 전기적으로 띄워 놓는다. 정상 상태의 접지점에서 전류는 0이다. 어딘가 쇼트가 생기면 접지점과 쇼트 루프에서 전류가 흐른다. 접지점 전류를 검출하여 즉시 전원을 끊을 필요가 있다. 이것을 태만히 하면 쇼트부에 대전류가 흘러 그 부분을 열파괴해 버린다. 그것을 한 번 경험하였는데, 그 때는 진공 파이프도 열에 녹아버려 타다 남은 찌꺼기가 진공 내에 흡수되어 전후 수십m에 흩날려 청소가 큰일이었다. 이것은 무심코 접지점의 접지를 잊었기 때문에 일어났다. 즉 2곳에 쇼트가 생기면 그것을 전기적으로 검출하는 것이 불가능하고 그 사이에 전류가 흘러 저항이 큰 쪽의 쇼트로 열파괴가 일어난다(그림 13-3). 이 경우는 진공계의 **얼람**(alarm)으로 겨우 알아차린 실정이었다.

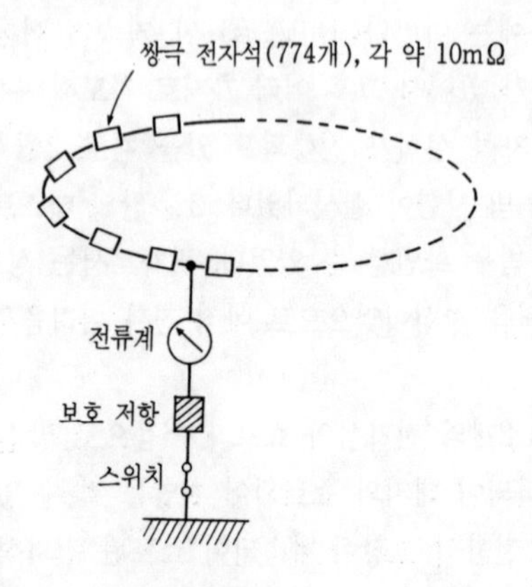

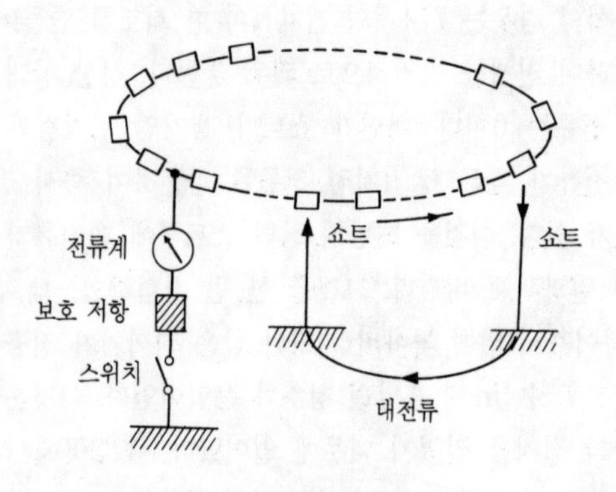

그림 13-3 싱크로트론의 운전 상태

보통 일어나는 전자석의 쇼트는 소프트하고 그 저항값은 코일 도체의 전자석 저항값 약 10mΩ에 비해서 엄청나게 크다. 쇼트가 일어났을 때에 전원이 있는 곳에 설치한 스위치를 개폐하여 약 20개의 전자석으로 줄일 수 있다. 그 다음이 큰 일이고, 예를 들면 중심에서 **버스**(자석과 자석 사이에서 전류를 흐르게 하는 도체)를 절단하여 10개와 10개로 하여 쇼트가 어느 쪽인가 바르게 정하고 다시 2분하는 방법이 있는데, 쓸데없이 버스를 절단하게 된다. 최후로 고안된 방법은 고전압(약 1kV)으로 저전류(약 1mA)의 전원을 사용하여 자동적으로 온과 오프를 반복하여 오실로스코프로 각 전자석의 버스에서 신호를 보는 것이 가장 효과적이었다.

지금도 때때로 생각나는 것은 실패에 좌절하지 않고 그 해결을 위하여 최선을 다하는 동아리들의 모습이었다. 확실히 전자석은 취약하게 제작되었다. 6m라는 길이와 약 1000개의 전자석을 단기간에 더욱 값싸게 만들려고 여러 가지 참신한 아이디어가 나오고 테스트가 실행되었다. 벤치 테스트에서는 완전해도 공장의 제작 공정에서 결점이 생기는 일도 있다. 이 시점에서는 약한 전자석을 선별하여 수리된 전자석으로 효율적으로 바꾸고 짬짬이 빔 테스트를 실시하여 여러 가지 문제점을 해결한다.

전자석 고장의 최악의 원인은 구리 도체 접속부에서의 누수였다. 쌍극 전자석의 길이가 6m이므로 1개의 도체로 코일을 만드는 것은 불가능하고, 또 노출부에 접속부를 모두 집중시키는 것도 어려워 수많은 접속부를 코일 내부에 가지지 않을 수 없었다. 작업 효율을 올릴 목적으로 직접 이음 방식을 채택하였다. 그림 13-4에 보인 것과 같이 이것은 냉각수 때문에 중심에 구멍을 뚫은 도체를 직각으로 절단한 면을 직접 용접하는 공법이

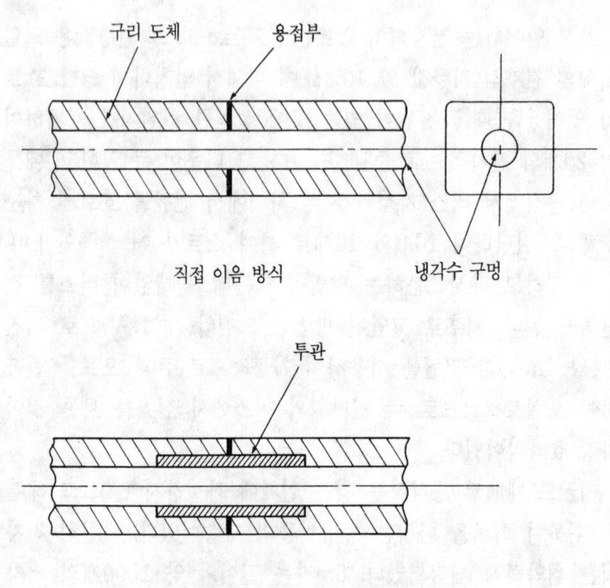

그림 13-4 전자석의 구리 도체의 접속 방식

다. 보통 시행되는 방법은 접속부에 투관(套管)을 삽입하여 용접 면적을 크게 한다. 직접 이음 방식은 채택하기 전에 많은 실험이 실시되었으나 문제가 생기지 않았다.

나중에 판명된 것은 전자석 공장의 용접 작업에서는 용접면을 완전히 평행으로 밀착시켜서 용접할 수 없고, 많은 경우에 쐐기 모양의 각도를 가진 상태로 용접이 실시되었다. 이것이 치명적이고 용접부에 결락 개소(缺落箇所)가 생겨 거기에서 부식이 진행되어 시간이 지나면 누수가 일어나서 전자석은 쇼트된다.

운전 개시 초기에는 터널 내의 온도가 낮고 외부에서 습도가 높은 공기가 터널 내로 들어와서 이슬이 맺혀 전자석 표면이 물방울로 덮인다. 물이 코일에 침투하여 좋지 못한 전자석은 절연 파괴를 일으킨다. 터널 내의 습도와 온도 조정을 하는 설비가 처음에는 거의 없었던 것과 터널 내의 온도가 안정되기 전에 전자석 설치를 서둔 것이 실패의 원인이었다. 당시 터널 내의 일부에는 안개가 서려 있을 정도였다.

7월에 들어와서 주링 전체의 빔 테스트를 실시하여 여러 번 빔 회전에 성공하였으나 빔 손실이 크게 문제가 된다는 점이 인식되었다. 이 문제점은 전자석의 자기장 성능이 예상보다 나쁜 것과 빔을 소멸시키는 물체가 진공 용기 속에 산재하고 있는 것이었다. 전자석 교환 때, 용접된 진공 파이프를 깡통따개와 같은 도구로 원주 방향으로 잘라 새로운 전자석으로 바꾸고 진공 파이프를 용접하는 작업이 실시되었다. 그때 머리카락과 같은 찌꺼기가 생기는 것을 알아차린 사람도 있었던 것 같은데, 스테인리스 스틸 빔 파이프에서 생기는 부스러기이므로 자기력을 받지 않는다는 해석에서 문제가 되지 않는다고 무시하고 있었다. 그런데 용접부 부스러기는 용접용 합금과 용융된 금속 때문에 자기화되어 자기장 속에서 상승한다는 것이 판명되었다. 1개의 작은 부스러기가 어떤 원인으로 자석 속에 빨려들어가 상승되면 빔은 금방 소멸되어 버렸다.

빔 파이프의 청소

그 때까지 몇 십 개나 되는 자석이 쇼트되어 교환되었으므로 이것은 큰 문제였다. 또 진공으로 만들거나 파괴하는 작업도 많았으므로 부스러기는 진공 파이프 속에서 이동하고 있을 가능성도 컸다. 원주 6km의 진공 파이프 속에 무수히 산재하고 있는 자기를 띤 부스러기를 어떻게 제거하는가. 여러 가지 검토한 결과, 강력한 영구 자석을 파이프 속에 통과시켜 부스러기를 빨아들이는 안이 가장 적당하다고 생각되었다. 자기를 띠지 않는 작은 먼지는 파이프 바닥에 가라앉아 있으므로 문제가 되지 않는다.

자석으로 청소하는데는 끈을 파이프 속에 통과시켜 자석을 묶어 끌어당기면 되는데, 처음에 끈을 어떻게 하여 통과시키는가 하는 것이 문제가 되었다. 이솝 이야기처럼 가는 끈을 묶고 흰족제비를 사용하자는 안도 나왔는데, 착상이 재미있어 특별 훈련 중인 흰족제비의 사진이 미국의 유명한 주간지의 표지가 되기도 하였다. 아마 '최첨단 과학에서 흰족제비 대활약' 비슷한 표제였다고 생각되는데, 이 방법은 여러 가지 점에서 문제가 있을 것 같아 사용하지 않았다. 진공 파이프는 쌍극 전자석의 안지름이 높이 3.8cm, 가로나비 12.7cm의 것과 높이 5cm, 가로나비 10cm의 2종류가 있고, 4극 전자석의 안지름은 마름모꼴 또는 전자석이 없는 곳은 지름 15cm의 원통 파이프로 형상이 일정하지 않다.

마지막으로 H. 카우츠키 씨가 고안한 바람총 방식이 채택되었다. 길이 약 1m의 금속 막대에 플라스틱 깃털을 고정한다. 그것이 항공기의 보강재로 사용되는 금속의 꼰선을 심으로 한 가는 로프를 묶고 뒤에서 압착 공기를 뿜어댄다. 이 방법으로 긴 곳에서는 약 700m의 파이프에 로프를 통과시킬 수 있었다. 실제로 이 작업에 참여하였는데, 다수의 자기를 띤 부스러기를 제거할 수 있었다. 둘레 6km의 주링 파이프를 12번의 조작으로 일주할 수 있었다.

그러나 이 청소 작업도 완전하지 않고, 그후 가끔 부스러기가 빔 궤도에 튀어나와서 두통거리였다.

또 이 조작에서 압착 공기가 진공 파이프에 굉장한 진공을 주어 파이프 속에 설치한 빔 모니터용 검출기에 피해를 주었다. 크고 복잡한 가속기를 상대로 하고 있을 때에는 보통의 연립 방정식을 풀 때처럼 되지 않는다. 그것은 구하고 싶은 미지수들이 독립되어 있지 않고 서로 관계되는 일이 많기 때문이다. 가속기에서 일어나는 문제는 그런 케이스가 많다.

지구는 둥글다

기원전 3세기에 그리스 사람 에라토스테네스가 알렉산드리아와 시에네에서 수직으로 세운 막대 그림자의 길이 차를 이용하여 지구 원주를 처음으로 산출한 이야기는 유명하다. 지름 2km의 주링에서는 지구의 구 모양도 문제가 된다. 전자석의 설치는 지표에 수평으로 이루어졌는데 링에 의하여 결정되는 평면에서 다소 벗어나게 된다. 쌍극 전자석에서는 그 차가 항상 일정한 방향이 되므로 영향이 나타난다. 그것을 보정하기 위하여 전자석을 링 평면과 일치하도록 일정한 각도로 경사지게 하는 작업도 실시되었다.

가속 성공

연말까지 빔 스터디와 전자석, 전원의 정비 작업이 계속되었다. 전자석 코일에 1kV 정도까지 전압을 걸어 쇼트시켜서 약한 것은 교환하였다. 전자석 교환을 간편하게 하기 위하여 냉각수를 사용하지 않고 전자석의 자화를 시행하였다.

둘레 6km라는 크기에 따른 어려움도 있었다. 주전원이나 보정코일의 전원, 빔 모니터 등은 링에 분산되어 있는 24곳의 서비스 빌딩을 통하여 중앙 통제실에서 행해졌다. 예를 들면, 빔 스터디 중 하나의 서비스 빌딩의 장치에 이상이 생겼다고 판단되면 곧 거기에 기술자를 보낸다. 단순히 1개의 퓨즈를 교환하는 간단한 작업으로 정상으로 되돌아가는 일이 많은데, 사람을 보내고 나서 보고를 받을 때까지 20분쯤 걸린다. 불행히도 그 서비스 빌딩에 예비 퓨즈가 없을 때는 퓨즈를 가지러 돌아왔다가 다시 가서 교환하여 겨우 한 작업이 완료된다. 간단한 작업 때문에 1시간이나 걸리는 일도 많다. 물론 퓨즈에 관해서는 즉시 각 서비스 빌딩에 배치하도록 수배하였다.

교훈으로서는 오늘의 실패를 내일 다시 되풀이하지 않도록 최대의 노력을 하는 것이었는데, 당시는 내일 일어날지 모르는 사태에 대하여 미리 대비하는 시간적·정신적 여유가 없었다. 지금 되돌아 보면 참으로 악전 고투의 나날이었지만 귀중한 공부를 했다고 감사하고 있다.

해가 바뀌어 1972년의 1월부터 전자석이나 전원 정비도 일단락하여 본격적으로 빔 가속을 시도하였다. 1월 22일에 80억eV로 입사한 빔을 약 200억eV까지 가속하는 데 성공하였다. 최고 자화 전류를 조금씩 올리면서 가속 시험이 실시되었다. 전원 조정이 매우 복잡한 작업이었다. 페르미 연구소에서 전원의 컴퓨터 제어가 처음으로 도입되었는데, 링 위에서 24곳에 배치되어 있는 전원의 밸런스를 유지시키면서 전자석에 걸리는 전압을 가급적 낮게 유지해야 한다. 예를 들면, 1개소에 전원을 집중시키면 쌍극 전자석계 저항은 약 10Ω이므로 1000A의 전류로 1만V의 전압이 생긴다. 전원을 분산시키면 최고 전압을 수백V 이내로 유지할 수 있다. 전원의 고장난 곳 등을 고려하면서 최적화가 실시되었다.

시카고 교외에 있는 페르미 연구소로서는 추운 겨울인 2월

11일 오후 9시 반에 역사상 처음으로 1000억eV의 가속에 성공하였다. 그 때까지 옛 소련의 사라토프에서 760억eV의 양성자 가속기가 이미 운전되고 있었으므로 그 에너지를 넘어설 때 기념하라고 옛 소련의 친구들이 보내온 보드카를 열고 조촐하게 축하하였다.

가속기의 운전에서는 저녁 책임자가 필자이고, 밤중의 책임자가 헬렌 에드워즈 여사, 낮 동안의 책임자는 여러 사람이 교대로 맡았다. 어느쪽인가 하면, 낮 동안은 저녁에서 아침까지의 운전 테스트에서 발견한 미비한 점의 수리에 충당되고 빔 스터디는 주로 저녁에 시작하였다. 운전의 계속성이 중시되어, 가을경부터 빔 스터디에서는 저녁과 밤중의 운전 책임자와 부책임자를 바꾸지 않는 방침이 취해졌다. 부책임자로는 저녁 때에는 가속기의 대가인 T. 콜리즈 씨, 에드워즈 여사 때는 그의 남편인 돈 에드워즈 씨가 담당하여 반년쯤 크리스마스를 제외하고는 거의 휴식이 없는 스케줄이 계속되었다. 적어도 주 1회 아침부터 윌슨 소장에 의하여 가속기의 운영 회의가 열려 가속 스터디의 진행 상황의 설명 및 그 후의 방침이 결정되고 즉시 실행에 옮겨졌다.

2000억eV가 처음 목표였는데, 냉각수를 사용하지 않고 이 에너지까지 전자석을 자화하는 것은 어려웠다. 그래서 생각해낸 것이 2모드 방식 운전으로 300억eV의 작은 자화를 반복하고 그 사이에 빔을 조정하여 약 25펄스 뒤에 2000억eV의 자화를 실행하여 가속하는 방법이다(그림 13-5). 이 방법에 의하여 2000억eV의 가속에 성공하였다. 아직 이른 봄이던 3월 1일 오후 1시였다. 지금도 당시의 감격이 잊혀지지 않는다.

그후 가속기의 각 부분이 개량되어 4000억eV의 가속 물리

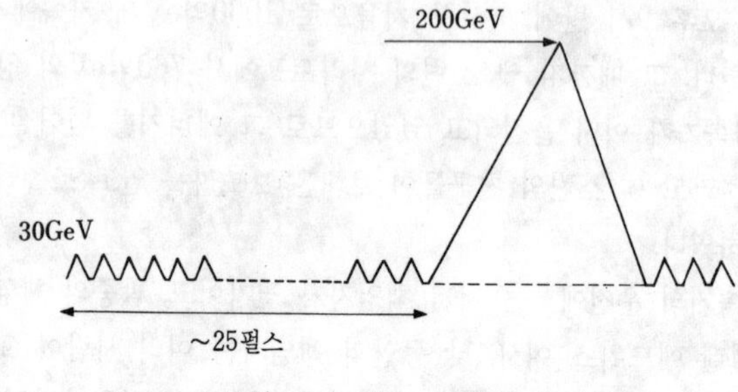

그림 13-5 2모드 방식 운전

실험을 위하여 정상적으로 운전되고 5000억eV의 가속에도 성공하였다.

테바트론

1972년에 주링에서 고에너지 물리 실험이 시작되고 초전도 전자석을 사용한 초전도 싱크로트론 에너지 더블러의 연구 개발이 본격화되었다. 초전도 싱크로트론을 통상 전자석의 주링 아래에 설치하는 것이나 초전도 전자석의 냉각 방식 등이 결정되었다. 쌍극 전자석의 단면을 그림 13-6에 보인다. 빔 파이프를 저온으로 하고 외부의 철은 실온으로 하는 방법이 채택되었다. 니오브-티탄 합금이 선정되었는데 현재도 이 선택은 독특하다고 생각된다.

전자석의 성능 향상과 대량 생산의 방법을 확립하기 위하여 200개 이상의 풀 스케일 프로토 타입 전자석이 제작되었다. 이들의 대부분은 운전 경험을 얻을 목적에서 가속기 이외의 빔 라인에 사용되었다.

1978년경 에너지 더블러의 프로젝트를 양성자·반양성자 콜라

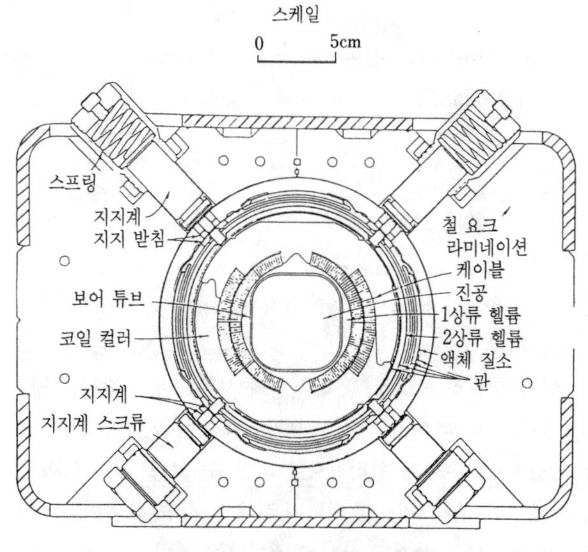

그림 13-6 쌍극 전자석의 단면

이더로 확장하여 테바트론이라고 부르게 되었다. 1979년에는 전자석의 연구 개발 프로젝트를 끝내고, 가속기 건설 프로젝트에 주력을 쏟기 시작하였다.

전자석과 냉각계

주된 초전도 전자석은 774개의 길이 6.4m의 쌍극 전자석과 210개의 4극 전자석으로 이루어진다(주링의 4극 전자석은 240개인데, 테바트론에서는 2개의 4극 전자석으로 이루어지는 더블렛을 1개의 전자석으로 바꿔놓고 있다). 니오브-티탄의 초전도 선재의 임계 전류는 운전 중의 온도인 절대 온도 4.6도(약 영하 268도)로 자기력 선속 밀도 4.6T에 해당한다. 약 1000개의 전자석 중 상당한 수는 임계 전류까지 자화할 수 없으므로 현재는 4T로 9000억eV의 운전이 실행되고 있다. 헬륨 냉동기는 세계 최대로 영하 268도로 24kW의 냉각 능력을 가지고 있다.

운전

1983년 7월에 5120억eV의 운전에 성공하고, 10월에는 4000억eV에서 고정 표적 실험이 개시되었다. 이 에너지는 그 때까지 주링에 사용되던 빔 라인의 에너지에 맞추기 위하여 특별히 채택되었다.

에너지 더블러를 고정 표적 실험에 사용하기 위해서는 당연히 빔을 가속기의 외부로 꺼낼 필요가 있다. 빔 꺼내기에서는 언제나 다소의 빔 손실은 원리적으로 피할 수 없다. 잃은 빔이 초전도 전자석에 부딪치면 그 에너지로 온도 상승이 일어나 초전도 상태가 파괴되고 상전도 상태로 전이하는 퀘치(quench) 현상을 유발할 염려가 있다. 빔 손실과 잃은 빔이 전자석에 어떻게 흡수되는가를 상세하게 연구하여 빔 실드의 배치를 최적화한 결과로 정상적인 빔 꺼내기가 가능하게 되었다.

1984년 2월에 에너지 더블러의 목표 에너지였던 8000억eV의 운전에 성공하였다.

현재는 1～2년의 사이클을 교대로 콜라이더 모드와 고정 목표 모드의 실험이 행해지고 있다. 콜라이더의 실험 장치인 CD 검출기 사진을 그림 13-7에 보인다. 이 장치는 미국, 이탈리아, 일본의 국제 협력으로 건설되고 쓰쿠바(筑波) 대학 곤도(近藤都登) 교수를 리더로 하는 일본의 공헌이 높이 평가되었다. 일본에서 개발·제작된 CDF 검출기의 중심부를 차지하는 박육 초전도 솔레노이드 사진을 그림 13-8, 13-9에 보였다.

그림 13-7 CDF 검출기(사진/페르미 국립 가속기 연구소 제공)

그림 13-8 일본에서 개발·제작된 박육 초전도 솔레노이드. 맨 앞 줄 오른쪽이 필자.

테바트론의 개량 계획

테바트론의 파라미터를 표 13-10에 보인다. 콜라이더에서는 에너지와 동시에 루미노시티가 중요하다는 것은 앞 장에서 설명하였다. 루미노시티의 높이에 비례하여 반응 이벤트수가 증가하므로 톱 쿼크의 탐색에는 높은 루미노시티가 불가결하다. 동시에 검출기도 높은 이벤트율을 처리할 수 있을 필요가 있다. 테바트론에서는 J. 피플즈 현소장의 리더십 아래 가속기와 검출기 개량 계획이 추진되고 있다. 가속기에서는 제1기 계획으로서 입사기의 선형 가속기와 반양성자 빔 개량을 실시하여 루미노시티를 현재의 5배로 한다. 제2기에서는 테바트론 입사와 반양성자

그림 13-9 CDF검출기의 중심부를 차지하는 박육 초전도 솔레이노이드.(사진/페르미 국립 가속기 연구소 제공)

빔의 생성에 사용되고 있는 주링을 새로운 터널의 가속기로 바꿔서 주링을 제거한다. 이 새로운 가속기는 주(主)입사기로서 최적화되어 1500억eV의 가속 에너지를 가지게 된다. 이것으로 제1기의 루미노시티의 다시 5배, 즉 현재 루미노시티의 약 25배가 된다.

이 새로운 가속기는 입사기로 이용될 뿐만 아니라 세기가 높은 빔을 직접 꺼내어 실험에도 이용할 수 있다.

표 13-10 테바트론의 주요 파라미터

일반적인 특징	
둘레	6km
에너지	800~1000GeV
입사 에너지	150GeV
쌍극 전자석	776개
1000GeV에서의 자기장	4.4T(4400A)
4극 전자석	210개
고정 표적	
빔 강도(양성자수)	2×10^{13}/펄스
가속률	50GeV/초
사이클 시간	60초
늦은 꺼내기 빔 길이	20초
콜라이더	
번치수	6(p), 6($\bar{p}$) / 3(p), 3($\bar{p}$)
빔 수명	10~25시간
루미노시티	$>10^{30}cm^{-2}s^{-1}$

XIV. SSC 프로젝트

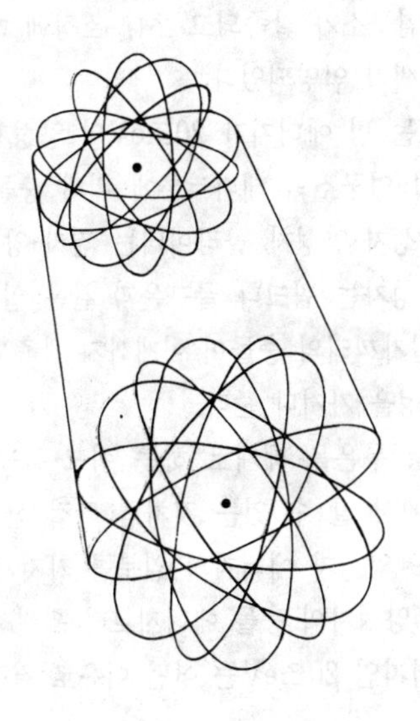

발단

1982년 여름 미국에서 열린 소립자 물리의 워크숍(연구회)에서 1조eV의 영역에서 쿼크의 물리를 연구한 것이 대단히 중요하다는 결론에 도달하였다. 그리고 20조eV의 양성자 가속기인 SSC의 구상이 상세하게 검토되었다. 1983년 7월에 미국 에너지성의 고에너지 물리 자문 위원회는 전원 일치로 SSC의 실행 가능성의 검토에 착수하는 것을 승인하였다.

1984년 캘리포니아 주 버클리의 로렌스 연구소에 센트럴 디자인 그룹이 설립되고 2년 후인 1986년 3월에 개념 설계안이 정리되었다.

1987년 1월 레이건 대통령이 건설을 승인하고, 1988년 11월 SSC의 건설 장소는 43곳의 입후보지에서 최종적으로 텍사스 주 댈러스 근교의 왁새하치(Waxahachie)로 결정되었다. 1989년 1월에 SSC 연구소가 발족되고 초대 소장에 하버드 대학 교수 R. 슈위터즈 씨가 임명되었다.

SSC 프로젝트는 빔 에너지가 20조eV의 양성자·양성자 콜라이더이다. 페르미 연구소의 테바트론에 비해 충돌 에너지가 약 20배나 크다. 양성자·양성자 콜라이더는 전자·양전자 콜라이더와 달리 빔인 양성자는 쿼크나 글루온과 같은 입자로 구성되어 있으므로 구성 입자끼리의 충돌이 이제까지 관측되지 않은 새로운 입자 등의 생성을 가져다 준다.

그림 14-1에 글루온을 매개로 하는 쿼크·쿼크 산란의 예를 보인다. 이 그림에서 알 수 있는 것처럼 직접 산란에 관여하지 않는 구성 입자도 양성자 에너지의 일부를 가져가므로 충돌 에너지는 양성자와 양성자의 충돌 에너지보다 훨씬 작아진다.

SSC의 빔 에너지인 20조eV는 어떤 이유로 결정되었는가.

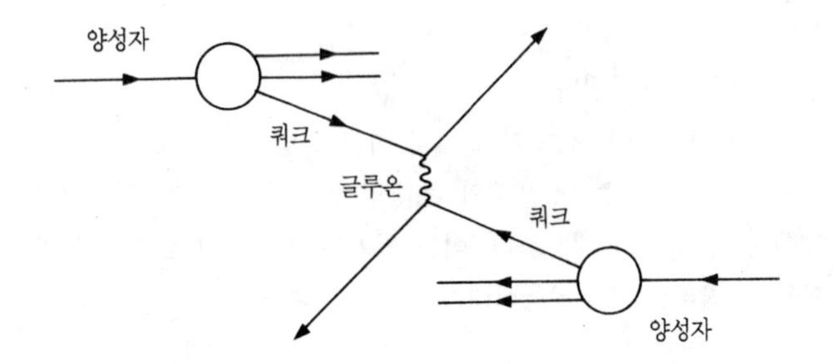

그림 14-1 글루온을 매개하는 쿼크·쿼크 산란

물리학에서 요청되는 에너지 영역

XI장에서 앞으로 해결해야 할 중요한 현상에 대하여 설명하였는데 여기서 요약하면 다음과 같이 된다.

(1) 히그스 입자
(2) 초대칭성 입자나 테크니컬러 입자
(3) 새로운 쿼크와 경입자
(4) 새로운 힘의 입자(게이지 입자)
(5) 쿼크와 경입자의 구조

처음의 두 가지는 입자 질량의 기원에 관계한다. 표준 이론은 질량을 갖지 않는 입자 이론에서 출발하는데, 히그스 입자와의 상호 작용을 통하여 쿼크와 경입자, 그리고 게이지 입자는 질량이 주어진다고 생각된다.

히그스 입자의 질량은 예언할 수 없지만 실험에서 얻어진 하한값은 약 500억eV이다. 이론적 고찰에 의하면 약 1조eV 이상에서는 중요한 이론상의 모순이 생긴다. 때문에 히그스 입자가 존재하지 않는 경우는 반드시 새로운 현상이 일어나게 된다. 따라서 1조eV의 질량 영역을 커버할 필요가 있고 약 20조eV의 빔 에너지가 요구된다.

초대칭성 이론에서는 여러 개의 히그스 입자가 관계하고 있고 쿼크나 경입자에는 스핀 0의 초대칭성 입자, 게이지 입자에는 스핀 $\frac{1}{2}$의 입자가 대응한다. 이들 입자는 지금까지 발견되지 않았으나 질량은 수조eV 이내라고 생각되므로 만일 존재한다면 SSC에서 반드시 생성된다.

테크니컬러 모형에서는 글루온과 비슷한 상호 작용이 1조eV의 질량 스케일에 의하여 특징지어진다. 테크니컬러 모형에 의하면 많은 새로운 입자가 SSC에서 관측된다.

SSC에서 발견될 수 있는 새로운 쿼크 질량의 최대값은 2조eV로 아직 발견되지 않은 톱 쿼크의 약 10배이다.

또 새로운 힘의 입자, 게이지 입자의 검출 가능한 질량의 최대값은 7조eV로 약게이지 보손의 약 70배에 해당된다. 빔 에너지가 10조eV로 같은 루미노시티를 가진 콜라이더에서는 이들 질량의 측정 가능한 상한값이 히그스 입자에서 0.4조eV, 쿼크에서 1.5조eV, 게이지 입자에서 5조eV가 된다. 히그스 입자의 경우에 SSC에서는 가능한 에너지 영역을 모두 커버할 수 있다.

이상과 같은 이유에 의하여 20조eV의 빔 에너지가 필요하다고 생각되고 있다.

앞 장에서 설명한 것과 같이 페르미 연구소의 4000억eV의 양성자에서 보텀 쿼크가 발견되었는데 3000억eV에서는 거의 불가능하였던 것을 생각하면 빔 에너지의 선택은 매우 중요하다.

왜 양성자·양성자 콜라이더인가

양성자·반양성자 콜라이더에서는 링이 하나이므로 전자석수가 반이 되고 건설비를 대폭적으로 절약할 수 있는 가능성이 있다. 세른의 S$\bar{p}$pS나 페르미 연구소의 테바트론의 성공은 다시 양성자·반양성자 콜라이더를 지지하는 것 같다.

그러나 높은 에너지에서 단단한 산란 과정은 무게중심계의 충돌 에너지의 제곱에 반비례하여 감소한다. 따라서 1조eV의 질량 스케일에서는 현재 테바트론의 루미노시티의 약 1000배가 필요하게 된다. 반양성자 빔의 세기를 이 레벨까지 높이는 것은 대단히 곤란하다고 생각되며 그것이 기술적으로 불가능하지 않다고 해도 그 시설에 필요한 건설비는 막대하다.

또 장차 루미노시티를 더 올리고 싶은 경우에 양성자·양성자 콜라이더에서는 10배 정도는 가능하다고 생각되는데 양성·반양성자 콜라이더에서는 그 가능성이 매우 작다. 쿼크·반쿼크의 소멸 반응의 확률은 양성자·반양성자 콜라이더에서는 반양성자가 주로 반쿼크로 되어 있으므로 당연히 크다고 예상되는데 그 차는 양성자·반양성자 콜라이더에 비하여 그다지 크지 않다는 것이 나타나 있다.

이상이 SSC에서 양성자·양성자 콜라이더가 채택된 주된 이유이다.

SSC 가속기 파라미터

SSC의 개념도를 그림 14-2에 보인다. 터널 속에 상하로 2개의 양성자 링이 배치된다. 링은 원형을 반으로 잘라 거의 대각선상에 직선에 가까운 부분이 더해져서 마치 육상 경기장의 트랙형으로 되어 있다. 이 직선부에 6개의 충돌점과 2개의 빔 입사용 장소가 있다. 충돌점에서 빔은 상하로 교차하여 충돌한다. 그림 14-3에 상부에서 본 개략도를 보인다. 충돌점에서는 그림

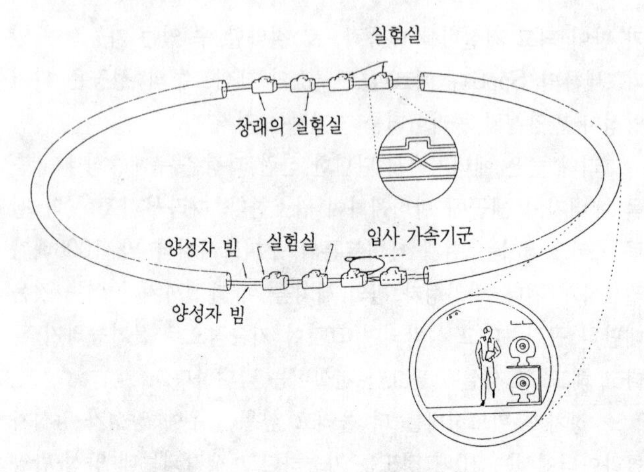

그림 14-2 SSC의 개념도

에 보인 것과 같이 다이아몬드 모양의 우회 도로를 만들어 실험용 검출기의 건설과 설치 및 수리를 위한 출입을 쉽게 한다. 예산 때문에 초기 단계에서는 한쪽은 터널만으로, 빔 트랜스포트계를 포함시키지 않을 예정이다.

입사계는 선형 가속기, 저에너지 부스터, 중에너지 부스터, 고에너지 부스터로 이루어지며 주링을 포함하면 5단계가 된다. 주요 파라미터를 표 14-4에 보인다. 그림 14-5가 입사계의 확대도이다.

2조eV의 고에너지 부스터는 초전도 가속기로서 양방향으로 양성자를 돌려서 가속 후에 2개의 주링에 반대 방향에서 입사한다. 저에너지와 중에너지 부스터는 통상 전자석으로 이루어지는 가속기로서 양성자를 한 방향으로만 회전시킨다.

고에너지와 중에너지 부스터는 늦은 꺼내기 빔을 만들어 주로 실험용 검출기의 교정에 사용된다.

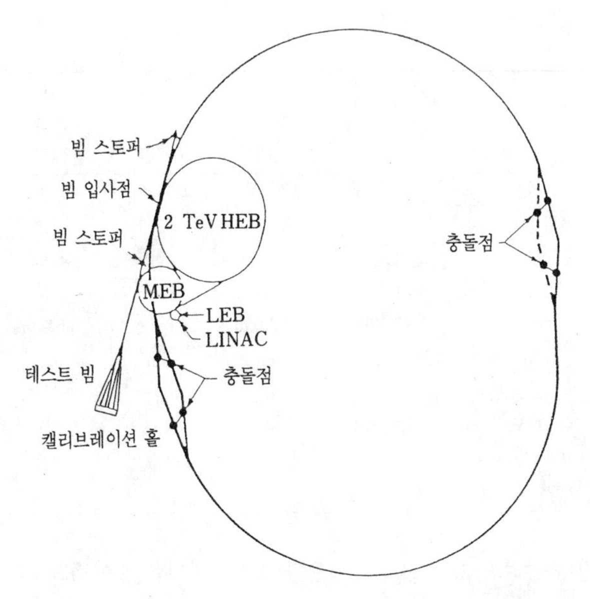

그림 14-3 SSC를 위에서 본 개략도

댈러스 근교 왁새하치(Waxahachie)의 SSC 부지와 지층도가 그림 14-6, 14-7이이다.

석회암층은 터널 건설에 적합하므로 다른 지층을 될 수 있는 대로 피하도록 터널 깊이를 변화시키고 있다. 가속기에 관해서는 한 평면상에 있을 필요는 없고 완만한 고저의 변화는 허용된다.

주링

주링의 최신 설계에서는 둘레가 약 87km로 자력선속 밀도 6.60T, 길이 15.2m와 12.6m의 2종류의 쌍극 전자석이 하나의

표 14-4 SSC의 주요 파라미터

가속기	주콜라이더	고에너지 부스터 HEB	중에너지 부스터 MEB	저에너지 부스터 LEB
에너지	20TeV	2TeV	200GeV	11GeV
빔 방향	2링	2방향	1방향	1방향
도체	초전도	초전도	상전도	상전도
최대 자기장	6.55T	6.4T	1.7T	1.2T
둘레	87.12km	10.89km	3.96km	0.54km
번치간 거리	5m	5m	5m	5m
테스트 빔	무	유	유	무
전양성자수/링	1.3×10^{14}	10^{14}	4×10^{13}	5×10^{12}
사이클 시간	–	3분	4초	0.1초
루미노시티	$10^{33}cm^{-2}s^{-1}$	–	–	–

링에 달리며 4230개가 배열된다. 4극 전자석은 길이 5.2m로 링마다 약 1000개이다. 그림 14-8에 터널의 단면 개념도를 보인다. 2개의 링이 상하에 놓이고 충돌점에서 상하로 교차한다. 또 실험용의 충돌점에서의 배치 개념도를 그림 14-9에 보인다.

초전도 쌍극 및 4극 전자석 단면도가 그림 14-10, 14-11이다. 쌍극 전자석의 구경은 5cm이다. 헬륨 냉각계는 −269℃(4.35K)와 253℃(20K)의 두 가지 온도로 이루어지며 냉각 능력은 −269℃계에서 약 54kW, −253℃계에서는 약 100kW이다. −269℃계의 주링에 직접 관계하는 열부하는 싱크로트론 복사 18kW, 빔에 의한 그 이외의 에너지 손실(빔 충돌 등에 의한) 4kW, 그리고 절연 물체로부터의 열침입 10kW로 합계 약 32kW로 추정된다. 그 밖에 고에너지 부스터 등의 열부하가 있다. 액체 헬륨의 전용량은 230만ℓ이다.

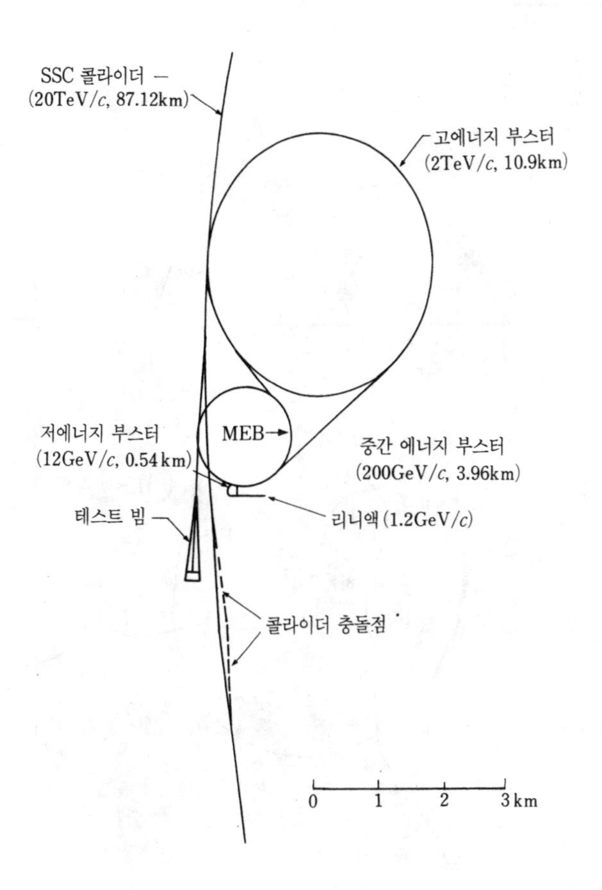

그림 14-5 SSC의 입사계의 확대도

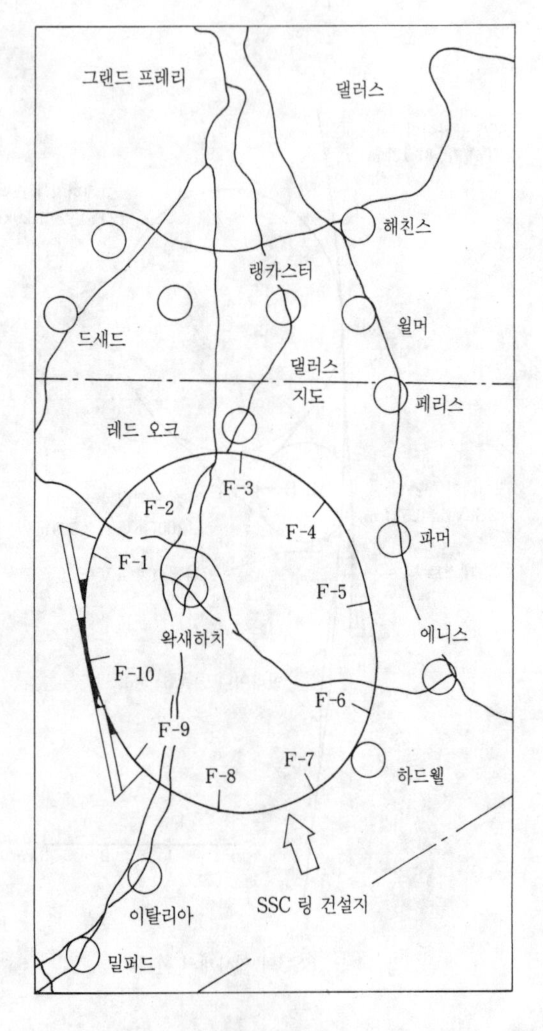

그림 14-6 댈러스 근교 왁새하치(Waxahachie)의 SSC 부지

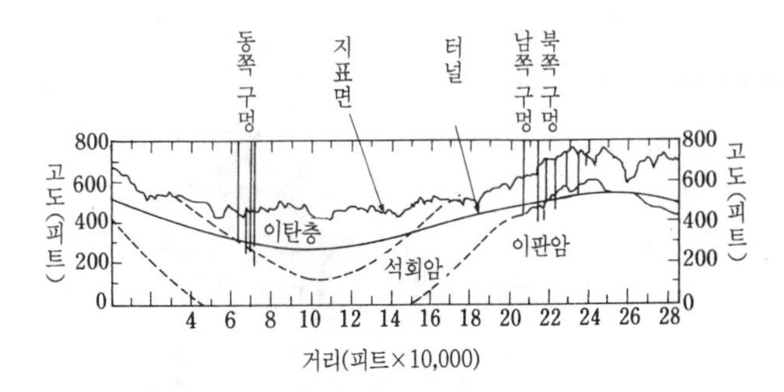

그림 14-7 SSC의 지층도

주링의 주요 특징

설계 루미노시티는 각 충돌에서 매초 약 1cm당 10^{33}개의 충돌에 해당하며, 현재 페르미 연구소 테바트론의 약 1000배이다. 이 루미노시티에서는 20조eV의 양성자·양성자 충돌에서 매초 1억 회의 강한 상호 작용 반응이 일어난다. 이것은 약 770W의 에너지가 양성자 충돌로 상실되는 것에 해당한다. 가령 24시간 연속하여 이 비율로 에너지가 상실되면 66J이 된다.

링 내의 빔속(번치)의 간격은 약 5m로 1링에 약 1만 7000개의 번치가 들어간다. 번치당의 양성자수는 약 73억 개로 링마다 약 130조 개의 양성자가 된다. 이 양성자 빔이 가진 에너지는 링마다 약 400MJ에 해당한다. 따라서 1일 연속하여 운전하였을 때에 각 충돌점에서 강한 상호 작용에 의하여 잃는 66MJ의 에너지는 무시할 수 없는 양이 되어 있다. 예를 들면, 루미노시티를 10배쯤으로 하면 빔 수명은 이 강한 상호 작용만으로도 짧아진다. 또 빔 에너지를 20조eV의 몇 배로 하면 강한 상호 작용에 의한 반응 확률이 커지므로 빔 수명은 더 짧아진다.

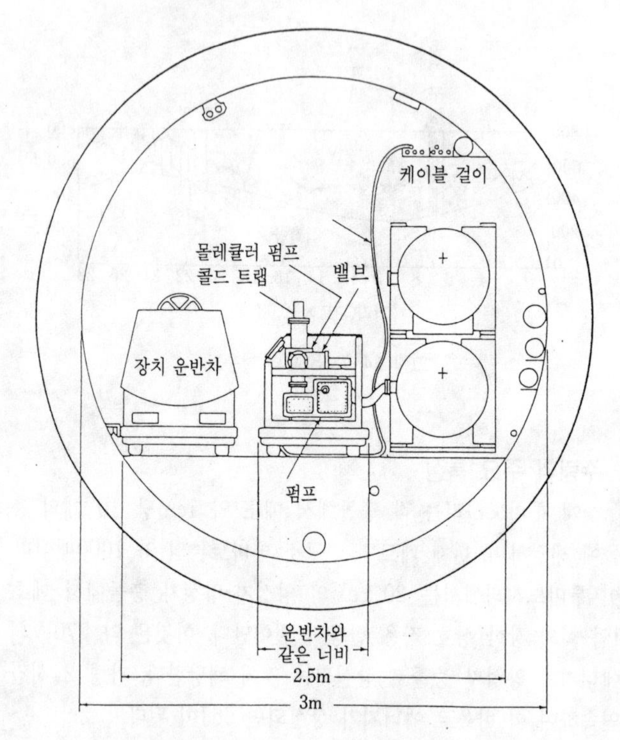

그림 14-8 SSC 주링의 터널 단면도

이것도 SSC가 궁극의 가속기라고 생각되는 하나의 큰 이유이기도 하다.

싱크로트론 복사

SSC에서는 싱크로트론 복사 손실이 링마다 약 9kW가 된다. 이것은 대형 전자·양전자 콜라이더의 10kW의 레벨에 비하면 대단히 작은 양이다. 그러나 초전도 싱크로트론에서 9kW은 무

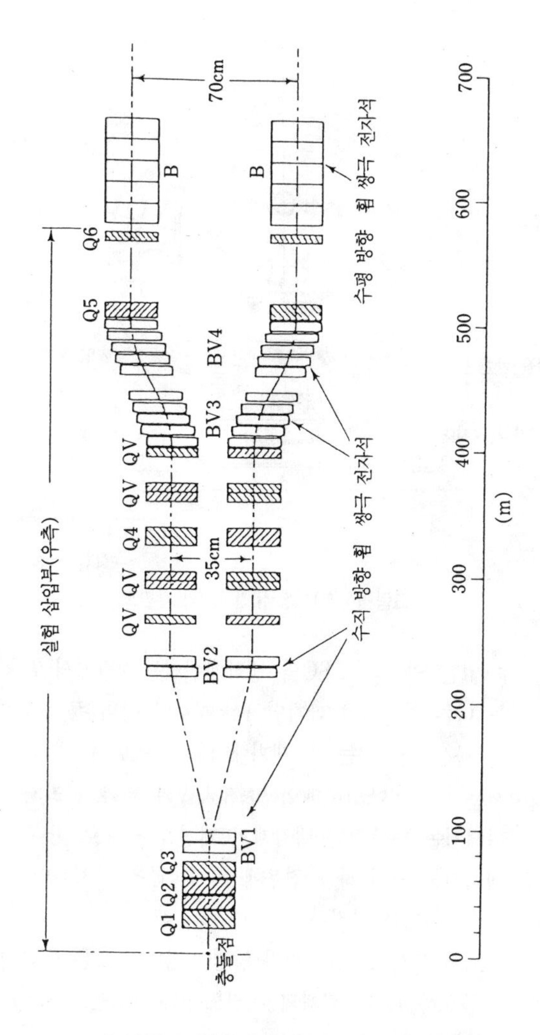

그림 14-9 주링의 충돌점에서의 배치 개념도

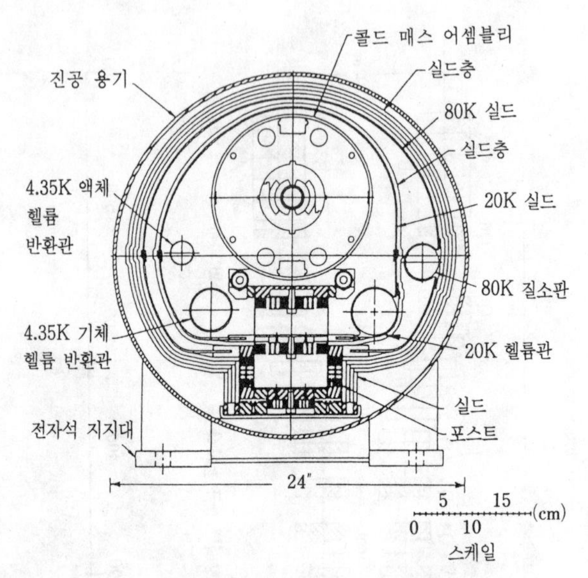

그림 14-10 쌍극 전자석의 단면도

시할 수 없는 양이다. SSC의 냉각계에서는 2링에서 18kW의 열부하는 다른 열부하의 합계인 14kW보다 이미 큰 값이다. 싱크로트론 복사 에너지는 빔 세기에 비례하므로 10배의 루미노시티에서는 1링마다 $\sqrt{10}$ 배인 약 30kW가 된다. 따라서 이 루미노시티에서는 대폭적인 냉각계의 개선을 필요로 한다. 또 가령 빔 에너지를 크게 하는 경우에 그 4제곱에 비례하여 싱크로트론 복사 에너지는 커진다.

싱크로트론 복사 문제는 전자·양전자 싱크로트론 콜라이더에서 가장 중요하였는데 현재의 초전도 기술에서는 SSC가 궁극의 가속기라고 생각되는 중요한 이유가 되었다.

반면, 싱크로트론 복사는 전자 싱크로트론의 경우와 같이 빔

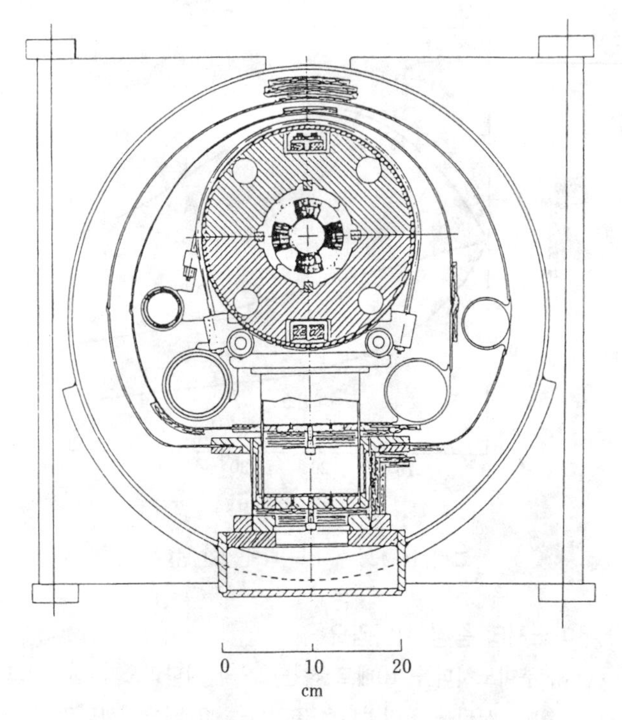

그림 14-11 4극 전자석의 단면도

이미턴스를 감쇠시키는 효과도 생겨 SSC에서는 감쇠 시간이 약 12시간으로 루미노시티를 상당히 증가시키는데 유용하다.

그림 14-12에 루미노시티, 빔 세기, 이미턴스와 빔 저장 시간과의 관계를 나타낸다. 빔 세기는 완만하게 감소하는데, 이미턴스는 싱크로트론 복사 때문에 감소하는 비율이 크다. 루미노시티는 빔 세기의 제곱을 이미턴스로 나눈 값에 비례하므로 처음에는 조금씩 증가하여 1.6배가 되고 그 후에 감소한다.

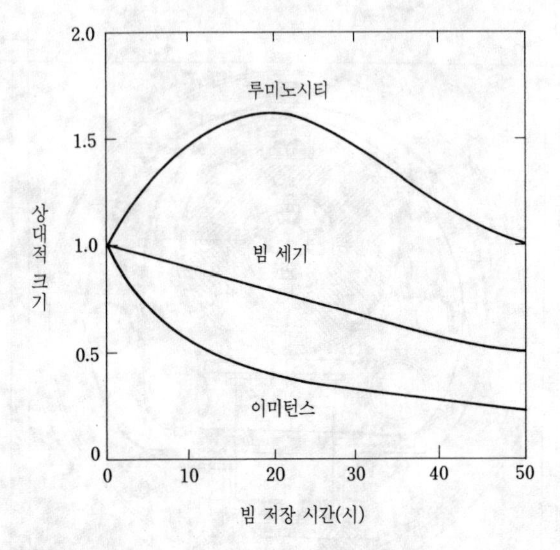

그림 14-12 루미노시티의 시간 변화

루미노시티 증강 시나리오

현재, 루미노시티를 10배로 하는 2개의 시나리오가 생각되고 있다. 루미노시티를 원리적으로 결정하는 요소는 빔끼리의 충돌에 의한 전기적 상호 작용에 의하여 빔의 안정 한계를 깨뜨릴 때이다. 이것은 마침 수속용 4극 전자석 잡음에 대응한다. 이 한계 이내에서 가능한 2개의 시나리오를 표 14-13에 보인다. 시나리오 1은 빔 세기를 $\sqrt{10} \fallingdotseq 3.2$배로 하는 것으로 이 경우는 싱크로트론 복사열도 3.2배가 된다. 따라서 냉각계의 증강이 필요하다.

시나리오 2에서는 번치수를 10분의 1로 하고 각 번치의 양성자수를 10배로 한다. 이 경우에 루미노시티는 $L=F\frac{N_1N_2}{A}$의 식

표 14-13 루미노시티를 10배로 하는 2개의 시나리오

	기본 설계	시나리오 1	시나리오 2
루미노시티($cm^{-2}s^{-1}$)	1.0×10^{33}	1.0×10^{34}	1.0×10^{34}
양성자/번치	7.0×10^{9}	2.2×10^{10}	7.0×10^{10}
번치 간격(m)	5.0	5.0	5.0
이벤트수/충돌	1.5	15	150
싱크로트론 복사(kW)	8.5	27	8.5

에서 N_1과 N_2가 각각 10배, F가 10분의 1에 해당하므로 결과로는 10배가 된다. 싱크로트론 복사열은 8.5kW로 기본 설계와 같은데, 번치의 1회 충돌에 대하여 100배의 이벤트수가 된다. 따라서 아마 특수한 실험에 한정하여 사용될 것이다.

XV. SSC의 소립자 검출기

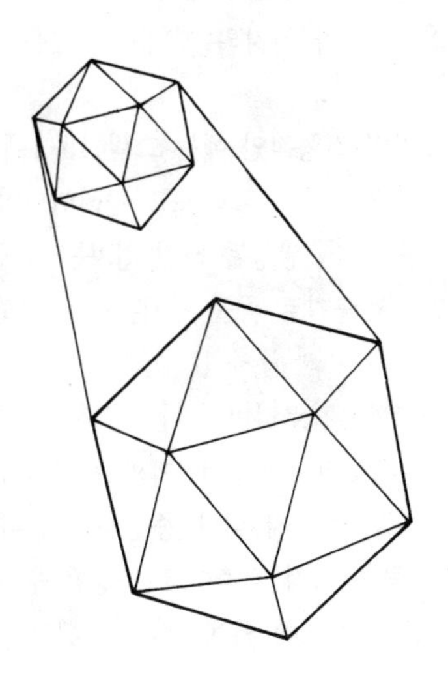

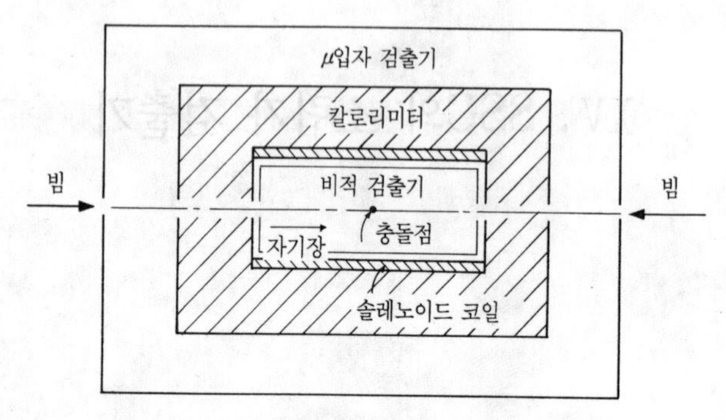

그림 15-1 전형적 콜라이더 검출기

구조

1982년에 SSC의 구상이 생기고 나서 수많은 연구회가 열리고 검출기에 대한 검토가 진행되어 왔다. 이제까지의 콜라이더 검출기와의 큰 차이점은 양성자 충돌 에너지가 높다는 것과 루미노시티가 높은 것, 2차 입자의 에너지가 높은 것을 들 수 있다.

콜라이더 검출기의 전형적인 예는 그림 15-1에 보인 것과 같이 충돌점을 비적 검출기로 둘러싸고 솔레이노이드 코일로 빔 방향으로 자기장을 건다. 생성된 하전 입자는 축에 직각 방향으로 휘어진다. 비적 검출기로 곡률 반지름을 측정하여 입자 운동량을 결정한다.

비적 검출기 외부는 칼로리미터라는 입자 에너지를 측정하는 장치로 커버한다. 칼로리미터는 μ입자와 중성미자 이외의 입자 에너지를 측정하다. γ선(광자)이나 중성자와 같이 전자를 갖지 않는 입자의 운동량은 비적 검출기로 측정할 수 없으므로 이들 입자 에너지는 칼로리미터에 의해서만 결정된다. 또 칼로리미터의 에너지 분해능은 높은 에너지일수록 좋아지므로 고에너지 전자의 에너지 측정에 있어서 결정적 역할을 한다.

칼로리미터의 외부, 즉 검출기의 가장 외부에는 μ입자 검출기를 설치한다. μ입자는 전자와 마찬가지로 물체와 강한 상호 작용을 하지 않는다. 또 질량이 전자보다 약 200배만큼 크기 때문에 제동 복사 등에 의하여 전자가 샤워를 일으키는 일은 드물기 때문에 물체의 투과력이 매우 강하다. 따라서 칼로리미터의 바깥쪽에 나타나는 하전 입자는 거의 μ입자라고 간주된다. 이것은 대기 상층에서 우주선과 공기의 충돌에 의해서 생기는 2차 입자중 지표에 도달하는 것은 거의 μ입자인 것과 마찬가지이다.

μ입자의 검출 정밀도를 올리기 위해서 토로이드라고 부르는 자기화된 철자석을 외부에 놓고 독립적으로 μ입자의 운동량 측정을 하는 일도 있다.

빔 방향의 구멍을 될 수 있는 대로 작게 하여 이 구멍으로 빠져나가는 입자를 가급적 적게 하는 것이 바람직하다. SSC와 같은 초고에너지에서 2차 입자는 전후방에 피크를 갖는 분포를 한다.

다음에 빔과 직각 방향의 운동량 성분에 주목한다. 다행히도 최전후방으로 빠져나간 입자의 운동량의 직각 성분은 작다. 따라서 칼로리미터로 측정된 입자의 에너지와 μ입자의 에너지 총합의 직각 성분의 0으로부터 차가 검출되지 않은 중성미자 등의 에너지 직각 성분과 같아진다. 이것을 결손 에너지라고 부른다. 중성미자가 여러 개 생성되면 결손 에너지의 직각 성분은 모든 중성미자 합계에 해당한다.

SSC 검출기에서 특히 중요하다고 생각되는 특징을 다음에 설명한다.

(a) 방사성 내성(耐性)

높은 루미노시티와 1회의 반응으로 생성되는 2차 입자수가 많아지므로 충돌점 가까이에 배치되는 비적 검출기나 일렉트로닉스, 칼로리미터 등이 고방사능 레벨에 노출된다.

(b) 고속화

설계 루미노시티에서는 매초 약 1억 회의 반응이 일어나므로 칼로리미터 등은 혼동하지 않도록 짧은 시간 동안에 신호가 모아지는 것이 바람직하다.

(c) 세분화

2차 입자의 밀도가 높아지므로 비적 검출기나 칼로리미터의 세분화에 의해 근접하여 생성되는 2개의 입자를 분해할 수 있는 것이 필요하다. 예를 들면, 입자가 붕괴하여 2개 이상의 입자가 생기면 이들 입자의 각도 분포는 모입자의 운동 에너지에 역비례하여 그 진행 방향으로 가는 콘 모양으로 분포한다.

(d) 일렉트로닉스계

측정기의 세부화에 의하여 판독 일렉트로닉스의 채널수가 방대하게 된다. 비용을 낮추기 위해서 특별히 설계된 집적 회로의 개발이 요구된다.

(e) 계산기

데이터량이 커지기 때문에 병렬 계산기가 효율적으로 작동될 필요가 있다.

(f) 운동량과 에너지 분해능

비적 검출기에 의한 운동량의 분해능은 μ입자의 경우 특히 요구된다. 전자 에너지는 칼로리미터에 의하여 고정밀도로 측정되는데, 1조eV의 전자 전하의 식별, 즉 음양을 결정하기 위해서는 비적 검출기의 성능이 좋음이 중요하다.

(g) 입자의 동정

경입자, 즉 전자와 μ입자의 동정(同定)은 약한 상호 작용 과정의 연구에서는 특히 중요하다.

이상은 SSC 검출기의 일반론인데, 다음에 이제까지 SSC 연구소의 예비 심사를 통과하여 프로포절 제출 단계에 있는 SDC (솔레노이드 검출기 코라보레이션) 검출기를 소개한다.

SDC 검출기

이 검출기는 SSC에서 건설될 예정인 2개의 대형 검출기의 하나이며 전각도를 커버하여 자기장으로 운동량 해석을 하는 범용 검출기이다. SSC의 설계 루미노시티를 충분히 이용하여 높은 질량 스케일의 물리를 연구한다. SSC가 목표로 하고 있는 중요한 물리의 테마를 빠짐없이 구명할 수 있도록 설계되어 있다.

SDC 실험 그룹은 일본을 비롯하여 미국, 옛 소련, 캐나다, 영국, 프랑스, 이탈리아 등 12개국, 약 700명의 연구자로 구성되는 국제 협력팀이다. 필자도 참가하고 있는데 일본에서는 약 90명의 연구자가 참가하고 있다. 그림 15-2에 SDC 검출기의 개념도를 보인다. 전체의 크기는 지름 약 23m, 길이 약 35m, 무게 약 3만t이다.

충돌점의 주위에 중앙 비적 검출기, 초전도 솔레노이드 전자석, 중앙 칼로리미터, μ입자 검출기의 토로이드 전자석, 트리거용 신틸레이션 카운터, 비적 검출기가 있고, 그리고 전방 칼로리미터로 구성된다.

검출기의 주된 검출 기능은 다음과 같이 되어 있다.

(a) 빔 라인에서 10° 떨어진 중심부에서 좋은 검출 효율과 분

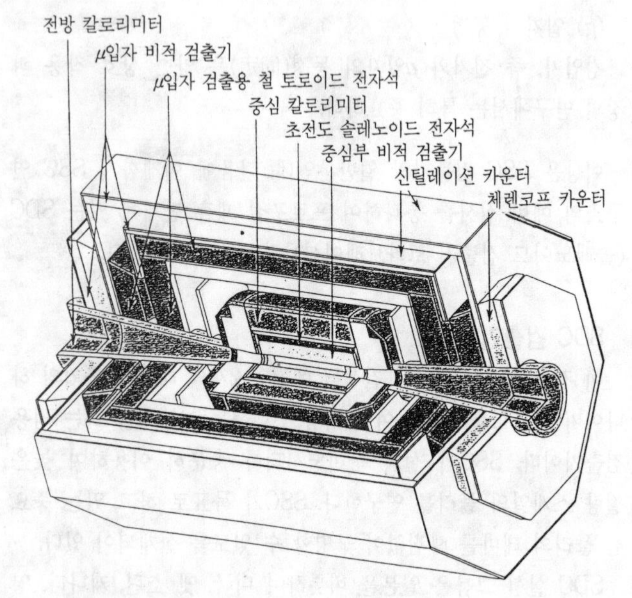

그림 15-2 SDC 검출기의 개념도〔예비심사자료 LoI(Letter of Intent)에서〕

해능으로 전자, μ입자, 강입자 제트(쿼크나 글루온이 강입자로 이루어지는 제트 모양으로 되어 있는)를 검출, 측정한다.

(b) 경입자의 전하 결정

빔 라인에서 1°의 각도까지 강입자 제트를 측정하여 직각 방향의 손실 에너의 측정을 실시한다.

(d) 경입자의 전하 결정

(e) 설계 루미노시티로 운전하여 더 높은 루미노시티로 운전할 수 있는 가능성을 가지게 한다.

검출기의 자세한 설명은 생략하고 SDC 검출기를 사용하여

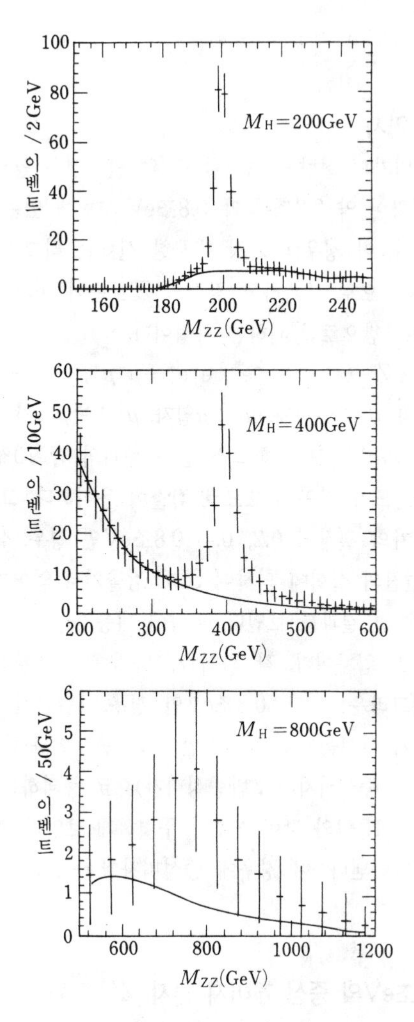

그림 15-3 1년간에 얻어지는 각 히그스 입자의 질량에 대한 $H \to Z^0Z^0 \to 4e$, 4μ, $2e2\mu$ 이벤트수(SDC의 LoI에서)

어떤 물리 현상을 해명할 수 있는가 그 대표 예를 소개한다.

히그스 입자

히그스 입자의 질량을 예언할 수 없다는 것은 앞에서 설명하였는데, 질량이 약 0.2조eV와 0.8조eV 사이에 있는 경우에 대해 설명한다. 이 경우에 가장 깨끗한 신호는 히그스 입자 H가 2개의 Z^0보손으로 붕괴하고 각각의 Z^0보손이 전자·양전자나 μ입자·반μ입자쌍으로 붕괴하는 과정이다.

($H \rightarrow Z^0 + Z^0 \rightarrow e^- e^+ + e^- e^+$, $e^- e^+ + \mu^- \mu^+$, $\mu^- \mu^+ + \mu^- \mu^+$;
e^- : 전자, e^+ : 양전자, μ^- : μ입자, μ^+ : 반μ입자)

이 붕괴 과정은 모든 히그스 입자 붕괴의 약 10%라고 하지만 백그라운드가 거의 없으므로 검출이 용이하다. 그림 15-3에 히그스 입자의 질량이 0.2, 0.4, 0.8조eV인 경우, 설계 루미노시티로 1년간의 실험에 의하여 SDC 검출기로 얻어지는 데이터의 시뮬레이션 결과를 보인다. 질량에 대응하는 곳에 보이는 큰 산이 히그스 입자이다. 각 점의 세로 막대는 통계적 유통이며 실선이 백그라운드이다. 0.8조eV인 경우, 1년간의 실험에서는 신호를 보기 어려울지도 모르지만 Z^0가 중성미자·반중성미자쌍 ($Z^0 \rightarrow \nu\bar{\nu}$; ν : 중성미자, $\bar{\nu}$: 반중성미자)으로 붕괴하는 과정도 고려하면 그림 15-4와 같이 신호가 뚜렷하게 보인다. 파선은 백그라운드를 나타낸다. 이 경우에 중성미자쌍은 결손 에너지 방법으로 검출된다.

질량 4조eV의 중성 게이지 입자, Z′

가령, 무거운 중성 게이지 입자 Z′가 존재하고 그 질량이 4조eV라고 하면 SDC 검출기에서는 그림 15-5와 같은 신호가

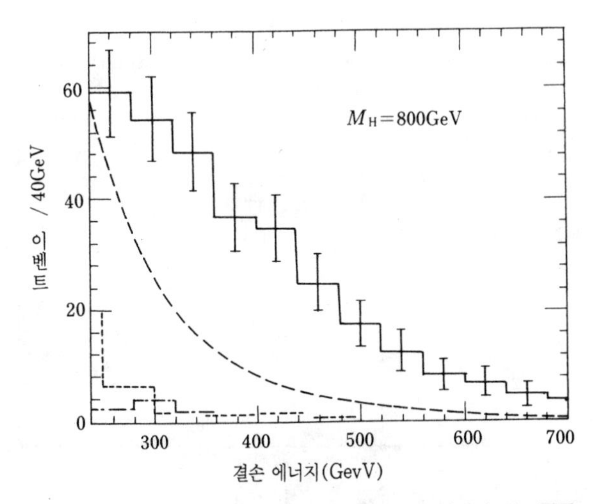

그림 15-4 1년간에 얻어지는 800GeV 히그스 입자의 $H \to Z^0Z^0 \to (e^+e^-, \mu^+\mu^-)$+결손 에너지에 있어서의 결손 에너지 분포(SDC의 LoI에서)

검출된다. 전자·양전자쌍과 μ입자·반μ입자쌍으로 붕괴하는 경우이다.

$(Z' \to e^-e^+, \mu^-\mu^+)$

전자·양전자쌍 쪽은 칼로리미터의 에너지 분해능이 좋기 때문에 μ입자쌍에 비하여 깨끗한 신호가 된다.

* XIV장, XV장의 SSC 관계 자료는 주로 “Site-Specific Conceptual Design”, SSCL-SR-1056, July, 1990 및 “Conceptual Design”, SSC-SR-2020, March, 1986에 의거한다.

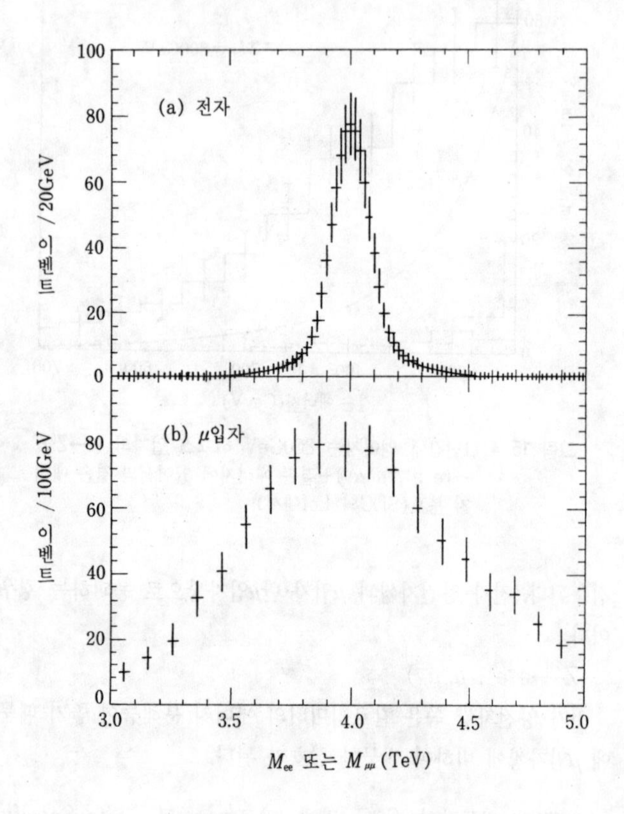

그림 15-5 질량 4TeV의 Z′입자의 e^+e^-, $\mu^+\mu^-$쌍 이벤트(SDC의 LoI에서)

XVI. 21세기의 소립자 물리

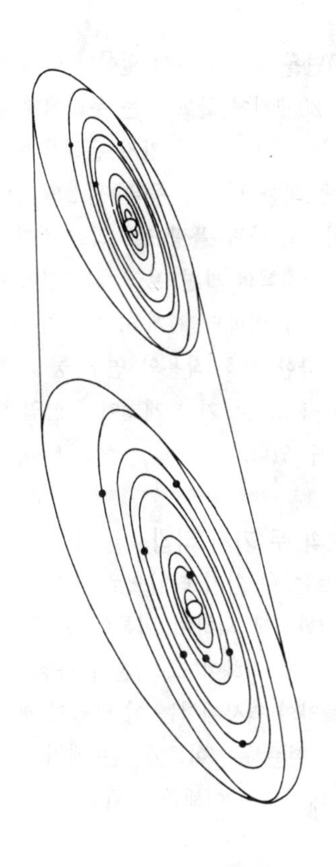

21세기의 물리 혁명의 인자

19세기 말까지 알려져 있던 상호 작용은 중력과 전자기력뿐이었다. 이론 체계로서 완성된 맥스웰의 전자기 이론은 마치 우리가 오늘날 알고 있는 표준 이론에 해당하는 것같이 생각된다. 당시 이미 기본적 자연 법칙은 모두 해명되어 남은 문제는 측정 정밀도를 높인 실험 데이터의 축적이라고 믿어 의심하는 사람은 적었다. 참으로 기초 물리학 연구는 과거가 되어버린 감이 있었다.

그런데 1900년을 경계로 하여 일어난 여러 가지 새로운 자연 현상의 발견은 20세기에 살고 있는 우리에게 과학에 대한 한없는 관심을 불러일으키고 여러 가지 은혜를 주었다. 베크렐이나 퀴리 부부 들에 의한 방사성 동위 원소의 발견, 아인슈타인에 의한 상대성 이론의 확립, 플랑크에 의한 전자기장의 양자화, 러더퍼드에 의한 원자핵의 발견, 보어, 하이젠베르크, 슈뢰딩거, 디랙 들에 의한 양자 역학의 체계화, 핵력의 유카와(湯川) 이론, 페르미에 의한 약한 상호 작용의 연구 등 자연 과학의 진보는 20세기의 최대 특징으로 기술 개발이나 산업 발전에도 크게 공헌하였다고 할 수 있다.

물리학 진보의 두 가지 타입

물리학의 진보는 두 가지 타입으로 나눌 수 있다. 제1의 타입은 걸출한 물리학자에 의하여 이론이 완성되고, 그 후에 여러 가지 실험 데이터에 의하여 그 이론의 타당성이 증명되는 경우이다. 소립자 물리의 역사에서는 이 타입의 경우가 많다.

제2의 타입은 현존하는 이론에서는 예기치 못한 실험 데이터가 생기고, 그 데이터를 이해하기 위하여 여러 가지 이론적 시도가 이루어지는 경우이다. 예를 들면, 소립자 물리는 아니지만 최근 발견된 고온 초전도 현상은 그 좋은 예이다. 물론, 제1타입의 이론적 공헌도 제2타입의 실험적 결과를 기초로 하고 있는 일이 많다. 19세기말의 물리학 세계는 바로 제1타입이 벽에 부딪혔던 때이므로 어떤 새로운 물리 현상이 일어날 것이 기대되었던 시대였다고 생각된다.

SSC의 역할

SSC는 어떤 역할을 담당하고 있는 것인가. 앞에서 설명한 것같이 쿼크와 경입자를 기본 물질 입자로 하고 작용 입자를 게이지 입자로 하는 표준 이론은 지금까지 훌륭한 성과를 올리고 있다. 와인버그, 살람에 의한 전약 이론은 위크 보손의 질량, 즉 양성자 질량의 약 100배의 에너지 영역에서는 지금까지 실험 결과와 전혀 모순되지 않는다. 지금, 남아 있는 중요 과제는 무거운 위크 보손과 질량을 갖지 않는 광자가 생기는 자발적인 대칭성의 깨짐을 설명하다고 생각되는 히그스 기구의 해명이다. 이 기구에 관여하고 있는 스핀 0의 보손, 히그스 입자는 존재하는가.

히그스 기구가 올바르다고 하면 히그스 입자는 질량이 약 1조eV, 즉 양성자 질량의 약 1000배 이하라는 것이 이론적으로 증명되어 있다. 따라서 SSC는 확실히 이 기구를 해명할 수 있다. 히그스 입자가 존재하지 않는 경우는 반드시 표준 이론과 맞지 않는 현상이 일어날 것이 시사되고 있다.

SSC에 있어서의 본격적 실험은 2000년경부터 시작되고 에너지 스케일이 1조eV에서의 실험 데이터가 모인다.

대통일 이론으로 예상되는 X입자의 질량 10^{15}GeV, 즉 1조

eV의 다시 1조 배의 질량 영역까지 아무것도 일어나지 않는가.

쿼크나 경입자는 진짜 소립자인가.

강한 상호 작용과 전약 상호 작용의 에너지 스케일은 각각 10억eV, 1000억eV다. 또 전약 상호 작용에 관여하고 있는 히그스 입자의 질량은 약 1조eV인데, 거기에서 X입자까지 작용 입자는 존재하지 않는가(중력 상호 작용에 관여하고 있는 입자 질량은 플랑크 질량이라고 부르며 X입자의 질량의 약 1만 배에 대응한다).

예상되는 현상 외에 어떤, 전혀 상상도 할 수 없는 현상이 일어나지 않을까 하는 기대도 크게 솟아난다.

아마 2010년경까지 SSC에서 1조eV의 에너지 스케일로 제1기의 소립자 실험이 실시되고 그 결과에 의거하여 다시 상세한 연구가 계속될 것이다. 제2기로서는 루미노시티의 증강이나 검출기의 개량, 특수 목적을 가진 검출기의 사용 등이 고려되고 있다.

양성자·양성자 콜라이더와 병행하여 1조eV급의 전자·양전자 선형의 개발도 강력히 추진되어 그 건설 가능성이 생기는 것도 생각할 수 있다. SSC에서 발견되는 새로운 물리의 상세한 연구를 위해서는 전자·양전자 콜라이더의 실현이 강하게 요망된다.

SSC 후

SSC 후의 양성자·양성자 콜라이더의 가능성은 어떤가. 대형화에 따른 건설비 문제 외에 앞에서 설명한 것같이 양성자·양성자 충돌에서 강한 상호 작용에 의한 빔 손실과 초전도 전자석에 대한 싱크로트론 복사 에너지의 문제가 있고 대폭적인 에너지 증가는 기술적인 한계에 와 있다고 말할 수 있다.

대통일 이론에 나타나는 X입자 측정은 가속기 실험에서는 불가능하고, 현재 그 검증으로서 양성자의 붕괴 실험이나 모노폴(단자극)의 탐색 실험이 계속되고 있다.

21세기의 세대에 우리는 무엇을 유산으로 남길 수 있는가. 대단히 중요한 물리학상의 문제가 남아 있다. 왜 3개의 세대밖에 존재하지 않는가. 왜 중성미자는 질량을 갖지 않는가. 왜 대칭성이 존재하는가.

유감스럽게도 이들 의문을 어떻게 실험적으로 해명할 수 있는 확실한 방법은 알려져 있지 않다.

실험적으로 검증할 수 있는 유일한 문제는 히그스 기구의 해명이다. 표준 이론의 이 부분을 해명하면 다른 문제도 밝혀질지도 모른다. SSC는 바로 이 문제를 실험적으로 검증할 수 있는 유일한 가속기라고 할 수 있다.

후기

궁극의 입자 가속기라고 생각되는 SSC가 소립자 물리학에서 어떤 문제를 해결하는가 설명해 왔는데, 이것은 지금까지 도달할 수 없었던 더 극미 세계의 현상을 탐구하는 개막이 될지도 모른다. 전세기의 마지막에 발견된 방사성 원소에서 발생하는 α 입자를 이용하여 원자상이 확립되었다. 또 금세기 후반에는 고에너지 입자 가속기에 의하여 원자핵을 구성하고 있는 양성자와 중성자가 다시 미크로의 쿼크로 되어 있다는 것, 쿼크는 글루온이라고 부르는 게이지 보손을 매개로 하여 강한 상호 작용으로 결합되어 있다는 것을 알았다.

맥스웰이 19세기에 전기력과 자기력을 통일하여 전자기 이론을 완성시킨 것과 마찬가지로 1960년대에 제안된 전자기 이론과 약한 상호 작용을 통일하는 게이지 이론인 전약 이론은 위크 게이지 보손의 발견이나 그 밖의 많은 실험 결과나 이론적 고찰에 의하여 올바른 이론으로 확립되었다.

지금 남은 가장 중요한 과제는 전약 게이지 이론으로 질량을 갖지 않는 4개의 게이지 입자가 어떻게 하여 대칭성을 잃고 3개의 무거운 위크 보손과 질량을 갖지 않는 광자가 되었는가 하는 기구의 해명이다. SSC는 바로 그것에 대해 해답을 줄 수 있는 희망의 가속기라고 할 수 있다.

SSC가 탐구하는 극미의 세계는 원자의 반지름인 약 1억분의 1㎝ 크기의 다시 10억분의 1 이하의 거리이다. 그 거리를 아메바의 크기에 비유하면 1㎝의 구슬이 태양계의 크기에 해당한다.

1977년 8월 20일에 행성 탐사기 보이저 2호가 발사되고 나서 12년 후인 1989년 8월에 태양에서 약 45억km 떨어진 해왕성 관측을 끝으로 보이저 2호는 태양계를 벗어나서 우주에서 낭만의 여로에 나섰다. 몇 만 년 후인가 어느 우주인이 줍게 될지도 모를 기대에서 지구의 문명이나 생물, 자연을 상징하는 여러 가지 소리나 목소리 등을 수록한 녹음 장치를 싣고 우리에게 가슴이 뛰는 꿈과 감동을 주었다. SSC도 마찬가지로 미래의 젊은 세대에 진리 탐구와 자연 과학에 대한 흥미를 불러일으켜 새로운 발견을 하는 기쁨을 줄 것이다.

끝으로, 작년 NHK의 라디오 러시아어 강좌에서 톨스토이의 민화 강독이 있었다. 그 중에서 감명을 받은 러시아 민화를 소개한다.

> 한 사람의 노인이 사과나무를 심고 있었다. 그때 어떤 사람이 찾아 와서 물었다.
> "왜 이 사과나무를 심어요? 이 나무에 열매가 열릴 때까지 오래 걸리니 당신은 도저히 이 나무에서 사과를 따서 먹을 수 없을 텐데요"
> 노인은 말했다.
> "나는 먹지 못해도 괜찮아요. 누가 다른 사람이 먹고 내게 고맙다고 할 것이오"

이렇게 과학도 자기가 살아 있는 동안 뿐만 아니라 미래의 전망을 가지고 진척시키는 것이 소중하다고 확신한다.

찾아보기

〈ㄴ〉

〈ㄷ〉

〈ㄹ〉

〈ㅅ〉

〈ㅇ〉

〈ㅈ〉

〈ㅍ〉

〈ㅎ〉

궁극의 가속기 SSC와 21세기 물리학 **B149**

1994년 4월 10일 인쇄
1994년 4월 20일 발행

옮긴이 한명수
펴낸이 손영일
펴낸곳 전파과학사
서울시 서대문구 연희2동 92-18
TEL. 333-8877·8855
FAX. 334-8092 1956. 7. 23. 등록 제10-89호

공급처 : 한국출판 협동조합
서울시 마포구 신수동 448-6
TEL. 716-5616~9
FAX. 716-2995

• 파본은 구입처에서 교환해 드립니다.
• 정가는 커버에 표시되어 있습니다.

ISBN 89-7044-149-2 03420

BLUE BACKS 한국어판 발간사

블루백스는 창립 70주년의 오랜 전통 아래 양서발간으로 일관하여 세계유수의 대출판사로 자리를 굳힌 일본국·고단샤(講談社)의 과학계몽 시리즈다.

이 시리즈는 읽는이에게 과학적으로 사물을 생각하는 습관과 과학적으로 사물을 관찰하는 안목을 길러 일진월보하는 과학에 대한 더 높은 지식과 더 깊은 이해를 더 하려는 데 목표를 두고 있다. 그러기 위해 과학이란 어렵다는 선입감을 깨뜨릴 수 있게 참신한 구성, 알기 쉬운 표현, 최신의 자료로 저명한 권위학자, 전문가들이 대거 참여하고 있다. 이것이 이 시리즈의 특색이다.

오늘날 우리나라는 일반대중이 과학과 친숙할 수 있는 가장 첩경인 과학도서에 있어서 심한 불모현상을 빚고 있다는 냉엄한 사실을 부정 할 수 없다. 과학이 인류공동의 보다 알찬 생존을 위한 공동추구체라는 것을 부정할 수 없다면, 우리의 생존과 번영을 위해서도 이것을 등한히 할 수 없다. 그러기 위해서는 일반대중이 갖는 과학지식의 공백을 메워 나가는 일이 우선 급선무이다. 이 BLUE BACKS 한국어판 발간의 의의와 필연성이 여기에 있다. 또 이 시도가 단순한 지식의 도입에만 목적이 있는 것이 아니라, 우리나라의 학자·전문가들도 일반대중을 과학과 더 가까이 하게 할 수 있는 과학물저작활동에 있어 더 깊은 관심과 적극적인 활동이 있어 주었으면 하는 것이 간절한 소망이다.

1978년 9월

발행인 孫 永 壽

도서목록

현대과학신서

A1 일반상대론의 물리적 기초
A2 아인슈타인 I
A3 아인슈타인 II
A4 미지의 세계로의 여행
A5 천재의 정신병리
A6 자석 이야기
A7 러더퍼드와 원자의 본질
A9 중력
A10 중국과학의 사상
A11 재미있는 물리실험
A12 물리학이란 무엇인가
A13 불교와 자연과학
A14 대륙은 움직인다
A15 대륙은 살아있다
A16 창조 공학
A17 분자생물학 입문 I
A18 물
A19 재미있는 물리학 I
A20 재미있는 물리학 II
A21 우리가 처음은 아니다
A22 바이러스의 세계
A23 탐구학습 과학실험
A24 과학사의 뒷얘기 I
A25 과학사의 뒷얘기 II
A26 과학사의 뒷얘기 III
A27 과학사의 뒷얘기 IV
A28 공간의 역사
A29 물리학을 뒤흔든 30년
A30 별의 물리
A31 신소재 혁명
A32 현대과학의 기독교적 이해
A33 서양과학사
A34 생명의 뿌리
A35 물리학사
A36 자기개발법
A37 양자전자공학
A38 과학 재능의 교육
A39 마찰 이야기
A40 지질학. 지구사 그리고 인류
A41 레이저 이야기
A42 생명의 기원
A43 공기의 탐구
A44 바이오 센서
A45 동물의 사회행동
A46 아이적 뉴턴
A47 생물학사
A48 레이저와 홀러그러피
A49 처음 3분간
A50 종교와 과학
A51 물리철학
A52 화학과 범죄
A53 수학의 약점
A54 생명이란 무엇인가
A55 양자역학의 세계상
A56 일본인과 근대과학
A57 호르몬
A58 생활속의 화학
A59 셈과 사람과 컴퓨터
A60 우리가 먹는 화학물질
A61 물리법칙의 특성
A62 진화
A63 아시모프의 천문학입문
A64 잃어버린 장
A65 별·은하·우주

도서목록

현대과학신서

※ 빠진 번호는 중간된 것임

⑲ 현대물리학입문
㉗ 중성자 이야기
㉙ 식물과 물
㊺ 연금술
㊽ 양자생물학
㊾ 동물의 형태형성(개정판)
(61) 인간의 행동은 고쳐질 수 있는가?
(81) 한국의 자연보호
(106) 의학과 철학의 대화
(109) OR 이란?
(110) 탐구적 과학지도기술
(114) 과학교육과 인간성
(123) 소프트 에너지
(124) 우주의 종말
(129) 과학기술과 연구시스템
(130) 심장마비
(131) 과학의 나무를 심는 마음
(132) 소립자 연극
(133) 원소의 작은 사전
(134) 5차원의 세계
(136) 광일렉트로닉스와 광통신
(138) 화학의 기본 6가지 법칙
(139) 꽃 속의 단물을 음미하는 아이들

과학선서

세계수학문화사
원은 닫혀야 한다
농토의 황폐
핵발전·방사선·핵폭탄
현대과학 어디까지 왔나
알기쉬운 미적분
암-그 과학과 사회성
바다-그 환경과 생물
엄마젖이 최고야!
현대 초등과학교육론
환경과학입문
연료전지
임상적 사고진단기술

학생수학시리즈

① 수학의 토픽스
② 수학의 영웅들
③ 수학과 미술
④ 수학의 흐름
⑤ 위대한 수학자들

도서목록

BLUE BACKS

1. 광합성의 세계
2. 원자핵의 세계
3. 맥스웰의 도깨비
4. 원소란 무엇인가
5. 4차원의 세계
6. 우주란 무엇인가
7. 지구란 무엇인가
8. 새로운 생물학
9. 마이컴의 제작법(절판)
10. 과학사의 새로운 관점
11. 생명의 물리학
12. 인류가 나타난 날 I
13. 인류가 나타난 날 II
14. 잠이란 무엇인가
15. 양자역학의 세계
16. 생명합성에의 길
17. 상대론적 우주론
18. 신체의 소사전
19. 생명의 탄생
20. 인간영양학(절판)
21. 식물의 병(절판)
22. 물성물리학의 세계
23. 물리학의 재발견〈상〉
24. 생명을 만드는 물질
25. 물이란 무엇인가
26. 촉매란 무엇인가
27. 기계의 재발견
28. 공간학에의 초대
29. 행성과 생명
30. 구급의학 입문(절판)
31. 물리학의 재발견〈하〉
32. 열번째 행성
33. 수의 장난감상자
34. 전파기술에의 초대
35. 유전독물
36. 인터페론이란 무엇인가
37. 쿼 크
38. 전파기술입문
39. 유전자에 관한 50가지 기초지식
40. 4차원 문답
41. 과학적 트레이닝(절판)
42. 소립자론의 세계
43. 쉬운 역학 교실
44. 전자기파란 무엇인가
45. 초광속입자 타키온
46. 파인 세라믹스
47. 아인슈타인의 생애
48. 식물의 섹스
49. 바이오테크놀러지
50. 새로운 화학
51. 나는 전자이다
52. 분자생물학 입문
53. 유전자가 말하는 생명의 모습
54. 분체의 과학
55. 섹스 사이언스
56. 교실에서 못배우는 식물이야기
57. 화학이 좋아지는 책
58. 유기화학이 좋아지는 책
59. 노화는 왜 일어나는가
60. 리더십의 과학(절판)
61. DNA학 입문
62. 아몰퍼스
63. 안테나의 과학
64. 방정식의 이해와 해법
65. 단백질이란 무엇인가
66. 자석의 ABC
67. 물리학의 ABC
68. 천체관측 가이드
69. 노벨상으로 말하는 20세기 물리학
70. 지능이란 무엇인가
71. 과학자와 기독교
72. 알기 쉬운 양자론
73. 전자기학의 ABC
74. 세포의 사회
75. 산수 100가지 난문·기문
76. 반물질의 세계
77. 생체막이란 무엇인가
78. 빛으로 말하는 현대물리학
79. 소사전·미생물의 수첩
80. 새로운 유기화학

도서목록

BLUE BACKS

도서목록

자연과학시리즈

4차원의 세계

청소년 과학도서

위대한 발명·발견

바다의 세계 시리즈

바다의 세계 [1] ~ [5]

교양과학도서

노벨상의 발상
노벨상의 빛과 그늘
21세기의 과학
천체사진 강좌
초전도 혁명
우주의 창조
뉴턴의 법칙에서 아인슈타인의 상대론까지
유전병은 숙명인가?
화학정보, 어떻게 찾을 것인가?
아인슈타인—생애·학문·사상
탐구활동을 통한—과학교수법
물리 이야기
과학사
자연철학 개론
신비스러운 분자
술과 건강
과학의 개척자들
이중나선
화학용어사전
과학과 사회
일본의 VTR산업 왜 세계를 제패했는가
화학의 역사
찰스 다윈의 비글호 항해기
괴델 불완전성 정리
알고 보면 재미나는 전기 자기학
금속이란 무엇인가
생명과 장소